JN063658

実用理工学入門講座

詳解　水力学演習

水力学演習書プロジェクト 編

日　新　出　版

各章の主な執筆者一覧

1 章	眞喜志　治	(沖縄工業高等専門学校)
	八戸　俊貴	(一関工業高等専門学校)
2 章	大北　裕司	(阿南工業高等専門学校)
	長田　健吾	(阿南工業高等専門学校)
	中村　克孝	(元・阿南工業高等専門学校)
3 章	藤松　孝裕	(鈴鹿工業高等専門学校)
	鬼頭　みずき	(鈴鹿工業高等専門学校)
4 章	野村　高広	(呉工業高等専門学校)
	髙津　康幸	(福岡工業大学)
	長山　昭夫	(鹿児島大学)
5 章	尾形　公一郎	(大分工業高等専門学校)
	菊川　裕規	(大分工業高等専門学校)
	原田　敦史	(日本文理大学)
6 章	岡田　敬夫	(元・群馬工業高等専門学校)
	山田　祐士	(呉工業高等専門学校)
	尾川　茂	(元・呉工業高等専門学校)
7 章	中島　賢治	(佐世保工業高等専門学校)
	赤対　秀明	(元・神戸市立工業高等専門学校)
	鈴木　隆起	(神戸市立工業高等専門学校)
	小杉　淳	(釧路工業高等専門学校)
8 章	山岸　真幸	(長岡工業高等専門学校)
9 章	中武　靖仁	(久留米工業高等専門学校)
	見藤　歩	(苫小牧工業高等専門学校)

まえがき

本書はこれから水力学を学ぼうとする高専生，大学生，既に水力学の基礎知識を所有し応用しようとする大学院生，技術者，研究者を主な対象としている．

水力学は理工学の基礎科目の一つであり，理工学上の多くの分野に関わり，応用されている．そのため，水力学に関わる様々な現象や実際の問題に対して，柔軟かつ的確に対応できるよう，水力学の応用力や総合力を身に着けておくことが様々な分野で望まれているところである．このような必要性の手助けとなるよう，水力学に関わる数多くの応用問題や総合問題を紹介するとともに，効率的に応用力や総合力を身に着けることのできるよう詳しい解答解説を含めた水力学演習書を執筆編集した次第である．

さらに，高専生においては，専攻科への進学や国立大学３年次編入のための筆記試験の準備としても本演習書を活用することができる．また，専攻科生や大学生は，大学院入学試験に向けて，水力学の知識を再整理するために本演習書を使用することができる．企業や研究機関においては，すでに一通りの水力学の知識を備えている研究員が，水力学の知識を他分野へ応用し解決するための総合力を身に着ける復習教材として利用することも考えられる．

本演習書を執筆編集するにあたり，先陣方の多くの水力学の演習書を参考にさせて頂き，深く感謝する次第である．なお，著者らの不注意による誤記やそもそもの考え違いなど多々あることと思われるが，これらについては読者諸賢からのご指摘を頂ければ幸いである．

最後に，本演習書を発行する機会を与えて頂いた日新出版株式会社・小川浩志社長には，多大なるご配慮を頂いた．ここに，深く感謝の意を表す．

2022 年 10 月

著者一同

目次

1章　流体の性質

問題[1-1]

平らな面上に小さな水滴がある．この水滴の内側と外側の圧力差と表面張力の関係を求めよ．さらに，この水滴が直径 0.2 mm の球形である場合，水滴の内側と外側の圧力差はいくらになるか．ただし，この水滴の表面張力を 0.073 N/m とする．

解答[1-1]

水滴は，図 1-1 に示すように面上に留まっているものとする．図 1-2 はその一部を拡大した様子を示す．液滴の内圧は，表面張力によって外圧よりも高くなる．

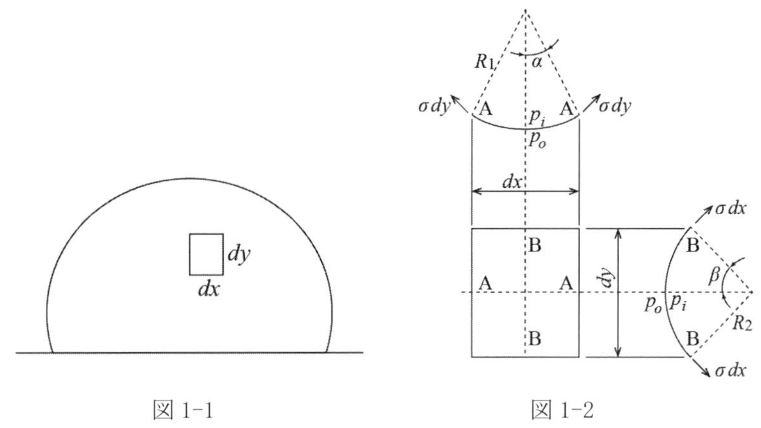

図 1-1　　図 1-2

いま，図 1-2 の微小面積に対して，力の釣り合い式を立てると次式が得られる．

$$(p_i - p_o)dxdy = 2\sigma dy \sin\alpha + 2\sigma dx \sin\beta$$

ここに，$p_i - p_o$は内圧と外圧の差($= \Delta p$)，$dxdy$は微小面積，σ は表面張力である．図 1-2 から明らかなように，$\sin\alpha = (dx/2)/R_1$，$\sin\beta = (dy/2)/R_2$となる．ここに，R_1 と R_2 はそれぞれ A-A 断面と B-B 断面に対する曲率半径である．これらを上式に代入し，整理すると水滴の内圧と外圧の差　Δp と表面張力 σ の関係が次式のように得られる．

$$p_i - p_o = \Delta p = \sigma\left(\frac{1}{R_1} + \frac{1}{R_2}\right)$$

この式においては，微小部分を考えているので，R_1とR_2は曲面が作る曲線を円弧で近似している．水滴が球形である場合，上式において$R_1 = R_2 = R$となり，$\Delta p = 2\sigma/R$が得られる．数値を代入すると，次のように答えが得られる．

$$\Delta p = \frac{2 \times 0.073}{0.1 \times 10^{-3}} = 1460\ \ \mathrm{Pa} = 1.46\ \ \mathrm{kPa}$$

問題[1-2]

細いガラス管の一端を水の中に鉛直に差し込んだところ，管の中を水が 1.45 m 上昇した．この管の内径を 0.02 mm としたとき，水とガラス管内面が接触したときの接触角はいくらか．ただし，水の表面張力を 0.073 N/m とする．

解答[1-2]

図 1-3 は問題を図的に示したものである．図中の p_i は大気圧であり，p_o は p_i よりも小さい値である．

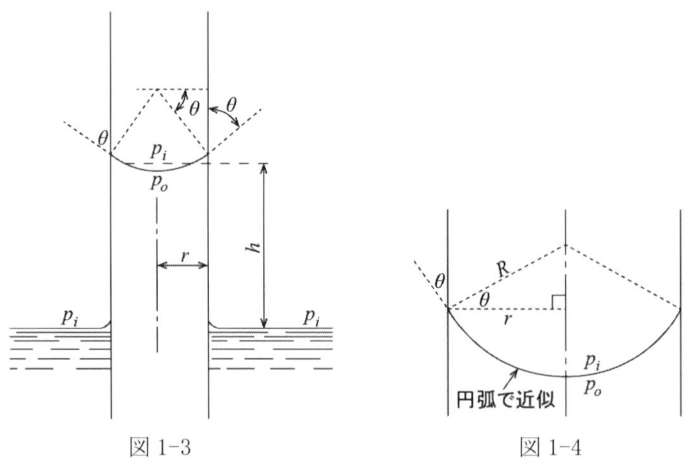

図 1-3　　図 1-4

その圧力差 p_i-p_o により水は上方に引き上げられる．そのときの圧力差 p_i-p_o と高さ h との関係は次式で与えられる．

$$p_i - p_o = \rho g h$$

ここに，ρ は水の密度，g は重力加速度，h は水が上方に引き上げられたときの高さである．ここで，最上部の水が作る曲面を球形（半径 R）と仮定すると，図 1-4 より $\cos\theta = r/R$ となる（r は円管の半径）．問題［1-1］より $p_i - p_o = \sigma(1/R_1 + 1/R_2)$ において，$R_1 = R_2 = R$（円弧で近似）であるので，$p_i - p_o = 2\sigma/R$ となる．この式に $R = r/\cos\theta$ を代入すると次式が得られる．

$$\theta = \cos^{-1}\left(\frac{\rho g h r}{2\sigma}\right)$$

上式に数値を代入すると，次のように答えが得られる．

$$\theta = \cos^{-1}\left(\frac{1000 \times 9.8 \times 1.45 \times 0.01 \times 10^{-3}}{2 \times 0.073}\right) = 13.3°$$

問題［1-3］

重さが無視できるほど十分に細い針金でできている輪が水面に浮かんでいる．この針金の輪を水面から引き上げるのに F = 9.2 mN の力が必要であった．このとき，輪の直径 D を求めよ．ただし，水の表面張力を σ = 0.073 Nm とする．

解答［1-3］

このような実験は液体の表面張力を測定する“輪環法（リング法）”と呼ばれている．輪環法は引き離し法による表面張力測定の代表的な方法として最もよく知られており，JIS　K2241 でも採用されている．通常の輪環法では輪は 1 つで実施される（図 1-5 参照）．その際，表面張力 σ は以下のように表現される．

$$\sigma = \frac{F}{2\pi D}$$

上式において，$2\pi D$ は輪の内外の長さを示している．本問題では，図 1-6 のような状態を考えている．針金の輪を水面から引き上げるとき，表面張力 σ によって針金に接する水面も持ち上げられ，図 1-6 に示す状態となる．このとき，表面張力による下向きの力 F は持ち上げられた水面の周囲に沿って働く．その長さは，針金が十分細く，輪の直径 に対して無視できるものと考えると $2\pi D$ となる．よって，この長さの水を引き裂くのに必要な力 F は次式のように表せる．

$$F = 2\pi D\sigma$$

よって，上式より輪の直径 D が得られる．

$$D = \frac{F}{2\pi\sigma} = \frac{9.2 \times 10^{-3}}{2 \times \pi \times 0.073} = 0.02 \ \ \mathrm{m} = 20 \ \ \mathrm{mm}$$

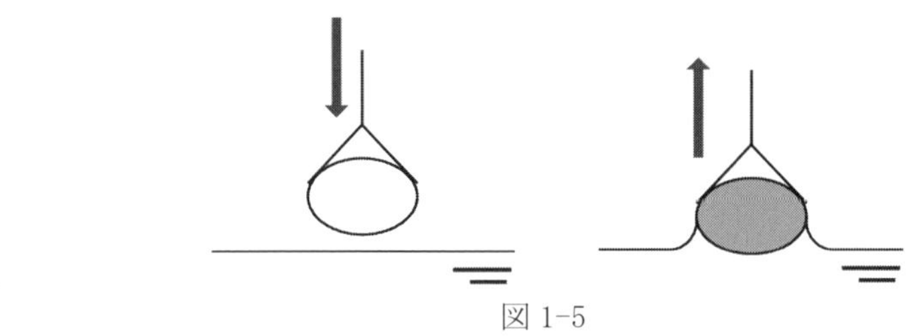

図 1-5

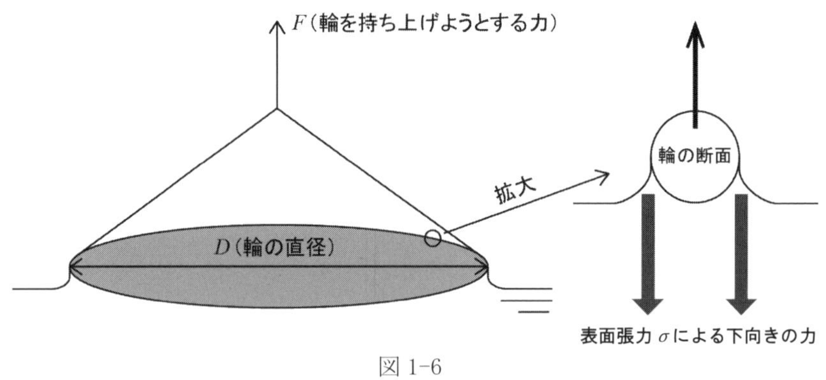

図 1-6

問題[1-4]

図 1-7 に示すように，高さ h の狭い平行隙間の中に大きな板（面積 A）を置き，これを隙間の方向に一定速度 V で引く．隙間内が密度 ρ，動粘度 ν の油で満たされているとき，板を引くのに要する力が最小になる板の位置 x を見いだせ．

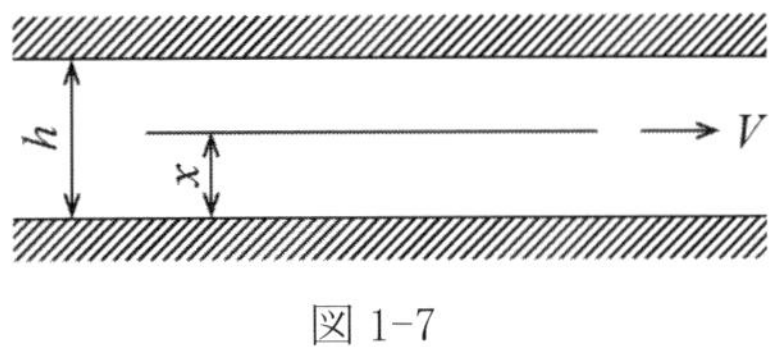

図 1-7

解答[1-4]

板と壁の隙間はごく小さいものと仮定すると，板が右方に V で運動しているときの油の速度分布は，図 1-8 に示すように直線的な速度分布になると仮定できる．

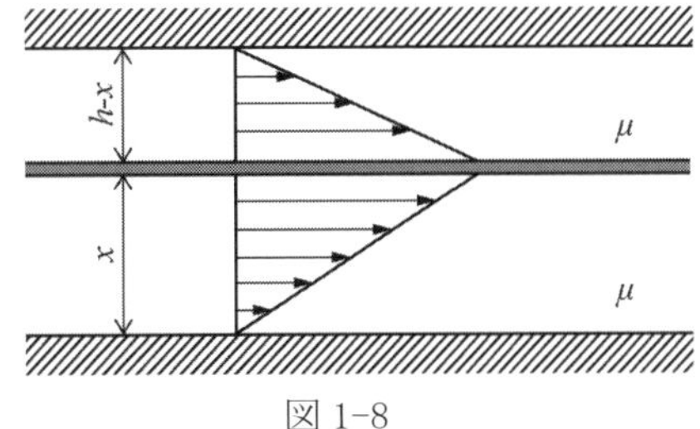

図 1-8

まず，密度 ρ，動粘度 ν，粘性係数 μ との間には以下のような関係がある．

$$\nu = \frac{\mu}{\rho}$$

上式を変形すると

$$\mu = \rho\nu$$

一方，板の上面に働く粘性抵抗力を f_1，板の下面に働く粘性抵抗力を f_2 とすると，ニュートンの粘性法則を用いて次式が得られる．

$$f_1 = \frac{\mu VA}{h - x} = \frac{\rho\nu VA}{h - x}\ , \qquad f_2 = \frac{\rho\nu VA}{x}$$

したがって，板を引くのに必要な力 F は次式のようになる．

$$F = f_1 + f_2 = \rho \nu V A \left(\frac{1}{h-x} + \frac{1}{x} \right)$$

上式の括弧内が最小のときFは最小になるから，$g(x) = \dfrac{1}{h-x} + \dfrac{1}{x}$ とおくと

$$g(x) = \frac{h}{x(h-x)} = \frac{1}{\left[-\left(x - \frac{h}{2} \right)^2 + \frac{h^2}{4} \right]}$$

となり，$x = h/2$ のときに分母が最大となる．それは，$x = h/2$ のときに板を引く力 F が最小になることを意味している．つまり，板が隙間の真ん中にあるときに板を引く力は最小となる．

問題［1-5］

水平に対する傾斜角 $\theta = 20°$の油を塗った斜面上を，一辺が $l = 0.2$ m，質量 $m = 50$ kg の立方体が滑り落ちるとき，最大速度を 2 m/s とするためには油の粘性係数をいくらにする必要があるか．ただし，物体と斜面の間の油膜の厚さは $\delta = 0.02$ mm とする．

解答［1-5］

物体の速度 v が増加するにつれて，油の粘性による抵抗力 f もそれに比例して増大する．その両者の力がバランスしたときが，最大速度になるところである．斜面に平行の向きに物体に対する運動方程式を立てると次式のようになる（図 1-9 参照）．

$$m \frac{dv}{dt} = mg \sin \theta - f$$

ここに，m は物体の質量，t は時間，g は重力加速度，f は油による摩擦抵抗力である．力がバランスしたときを考えているのであるから，そのときには物体は等速運動を行い，加速度は 0 である．それゆえ，上式中の dv/dt は 0 とおける．その結果，

$$mg \sin \theta = f$$

が得られる．油膜は薄いので，物体と斜面の隙間の速度分布はほぼ直線的と考えられる．それゆえ，次式が成り立つ．（A は立方体が斜面に接している面積）

$$f = \mu \frac{v}{\delta} A$$

この f を $mg\sin\theta = f$ の式に代入すると，粘性係数 μ が次式のように得られる．

$$\mu = \frac{mg\delta \sin\theta}{vA}$$

この式に数値を代入すると μ の値が得られる．

$$\mu = \frac{50 \times 9.8 \times 0.02 \times 10^{-3} \times \sin 20°}{2 \times (0.2 \times 0.2)} = 0.0419\ \ \mathrm{Pa \cdot s}$$

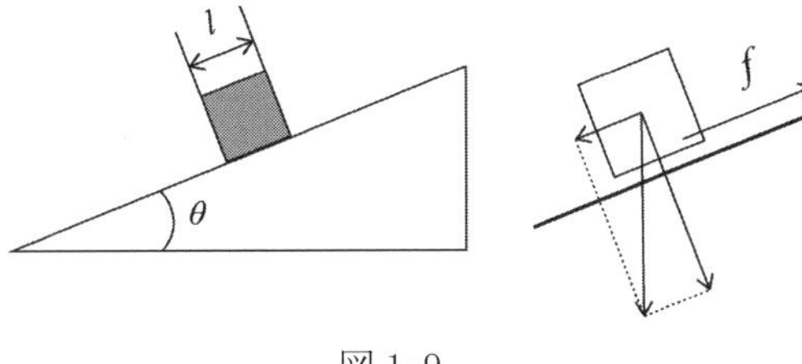

図 1-9

問題[1-6]

図 1-10 に示すように，直径 d の軸が，長さ L の軸受の中で毎分 n 回転で回っている．軸と軸受の隙間は δ ($\delta \ll d$) で，粘性係数 μ の潤滑油で満たされている．この軸を回転させるのに必要なトルク T および動力 P はいくらか．

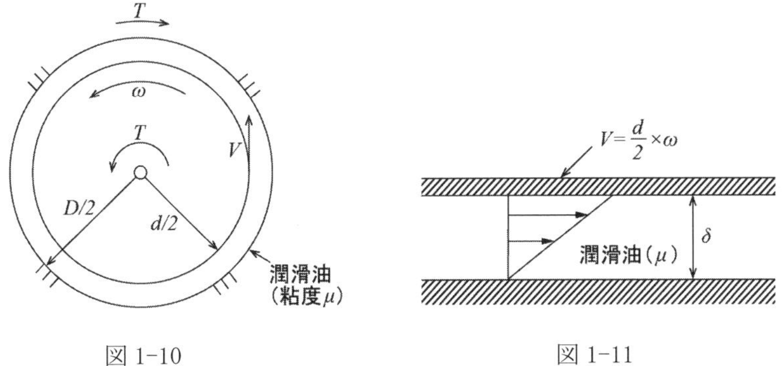

図 1-10　　図 1-11

解答[1-6]

軸と軸受との隙間は直径に比べて非常に小さいので, 図 1-11 に示すように両者を引き伸ばして２枚の平行平面板の間に油があると考えてよい．速度勾配は V/δ であるから，軸に働くせん断応力 τ は次式のように表せる．

$$\tau = \mu\frac{V}{\delta} = \mu\frac{(d/2)\omega}{\delta} = \mu\frac{(d/2)(2\pi n/60)}{\delta}$$

この式に，軸の表面積 $A = \pi dL$ を掛け合わせると潤滑油から軸に作用するせん断力 F が求まる．

$$F = \tau A = \frac{\pi\mu dn}{60\delta}\cdot\pi dL = \frac{\pi^2\mu d^2 Ln}{60\delta}$$

よって，軸を回転させ続けるために必要なトルク T は次式より求まる．

$$T = F\left(\frac{d}{2}\right) = \frac{\pi^2\mu d^2 Ln}{60\delta}\times\frac{d}{2} = \frac{\pi^2\mu d^3 Ln}{120\delta}$$

また動力 P は，トルク T に角速度 ω を掛け合わせれば求まる．

$$P = T\omega = \frac{\pi^2\mu d^3 Ln}{120\delta}\times\frac{2\pi n}{60} = \frac{\pi^3\mu d^3 Ln^2}{3600\delta}$$

問題[1-7]

図 1-12 に示すように，直径 D の円板がケース内を角速度 ω で回転している．円板とケース内壁面の隙間は δ である．この隙間が粘性係数 μ の油で満たされているとき，円板を角速度 ω で回転させるために必要な動力を求めよ．ただし, 円板の厚さおよび回転軸の直径は無視する．

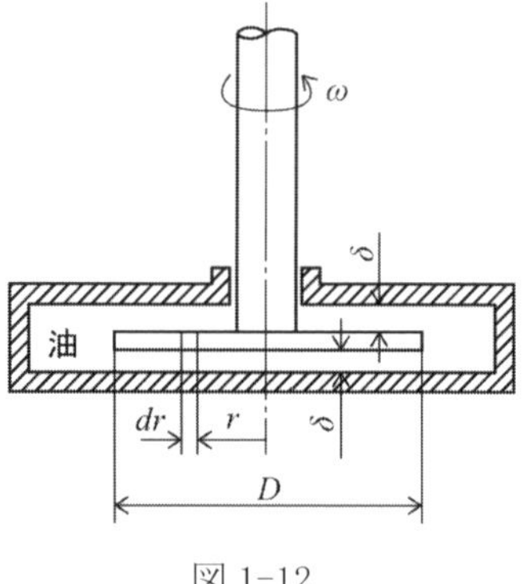

図 1-12

解答[1-7]

油膜中の速度分布は直線的であると仮定する．円板の任意の半径 r によってせん断応力 τ は異なる．任意の r において，幅 dr の円環部(面積 $dA = 2\pi rdr$)の部分に働くせん断力を考える．円板は角速度 ω で回転しているので，半径 r の位置における円環部の周速度は $v = r\omega$ である．円板片面の微小面積 $dA = 2\pi rdr$ に働く油の粘性による力 dF は次式で与えられる．

$$dF = 2 \times \tau dA = 2 \times \mu \frac{r\omega}{\delta} \times 2\pi r dr = 4\pi\mu \frac{\omega}{\delta} r^2 dr$$

よって，任意の半径における微小モーメント dM は次式のようになる．

$$dM = dF \times r = 4\pi\mu \frac{\omega}{\delta} r^3 dr$$

円板両面に作用する全モーメント M は，上式を $r = 0$～$D/2$ まで積分することによって得られる．

$$M = 4\pi\mu \frac{\omega}{\delta} \int_0^{D/2} r^3 dr = \frac{\pi\mu\omega}{16\delta} D^4$$

したがって，円板を角速度 ω で回転させるために必要な動力 P は次式で与えられる．

$$P = M\omega = \frac{\pi\mu\omega^2}{16\delta} D^4$$

問題[1-8]

図 1-13 に示すように，粘性係数 μ の油が微小隙間 δ に満たされている．この円錐状の物体を動力 P で回転させたときの角速度 ω を求めよ．

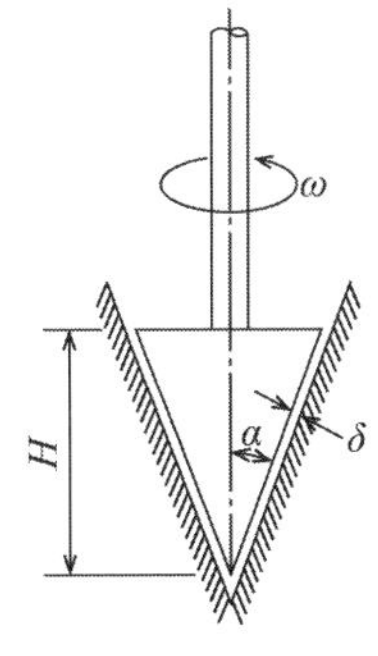

図 1-13

解答[1-8]

動力 P は，軸に作用するトルク T と角速度 ω の積で与えられる．よって，T を求めるために，図 1-14 に示すように，円錐の中心軸を通る鉛直な断面における座標軸を考える．

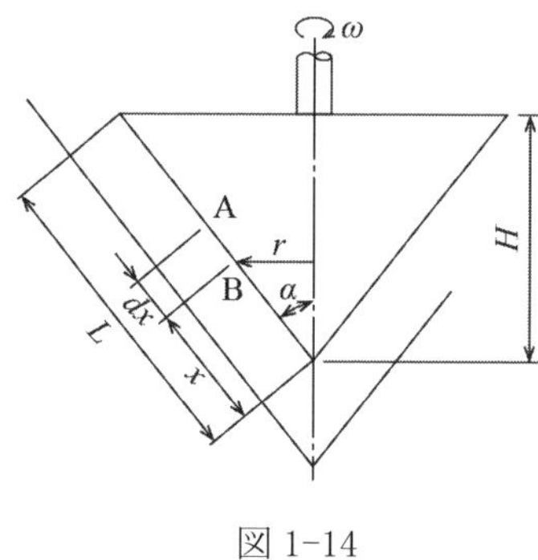

図 1-14

任意の半径 r の位置での円錐上の油の速度の大きさは $v = r\omega$ であり，方向は紙面に垂直である．隙間 δ 内では速度分布は直線的になると仮定できるので，微小区間 dx に作用するせん断応力 τ は次式で与えられる．

$$\tau = \mu\frac{v}{\delta} = \mu\frac{r\omega}{\delta}$$

よって，微小区間 dx に対応する微小面積 $dA = 2\pi rdx$ に作用する抵抗力 dF は次式で与えられる．

$$dF = \tau dA = \mu\frac{r\omega}{\delta}\cdot 2\pi rdx$$

ここで，図 1-14 より $r = x\sin\alpha$ の関係があるので，上式に代入して整理すると次のようになる．

$$dF = \frac{2\pi\mu\omega x^2\sin^2\alpha}{\delta}\cdot rdx$$

軸に作用するトルク T は r と dF の積を 0～L まで積分することにより得られる．

$$T = \int_0^L r\,dF = \int_0^L x\sin\alpha \cdot \frac{2\pi\mu\omega x^2 \sin^2\alpha}{\delta} \cdot r dx = \frac{2\pi\mu\omega \sin^3\alpha}{\delta} \cdot \int_0^L x^3\,dx$$

$$= \frac{2\pi\mu\omega \sin^3\alpha}{\delta} \cdot \frac{1}{4} L^4$$

ここで，$L = H/\cos\alpha$ の関係を上式に代入して整理すると次式を得る．

$$T = \frac{\pi\mu\omega\sin^3\alpha}{2\delta\cos^4\alpha} H^4 = \frac{\pi\mu\omega\tan^3\alpha}{2\delta\cos\alpha} H^4$$

したがって，動力 P で回転させたときの角速度 ω は次のようになる．

$$P = T \cdot \omega = \frac{\pi\mu\omega^2\tan^3\alpha}{2\delta\cos\alpha} H^4$$

$$\omega = \left(\frac{2P\delta\cos\alpha}{H^4\pi\mu\tan^3\alpha}\right)^{1/2}$$

問題[1-9]

図 1-15 に示すように，薄い流体膜が鉛直面に沿って自然流下している．流れが定常であるとき，流体の最大速度 u_{max}，平均速度 u_{mean} および流量 Q を求めよ．

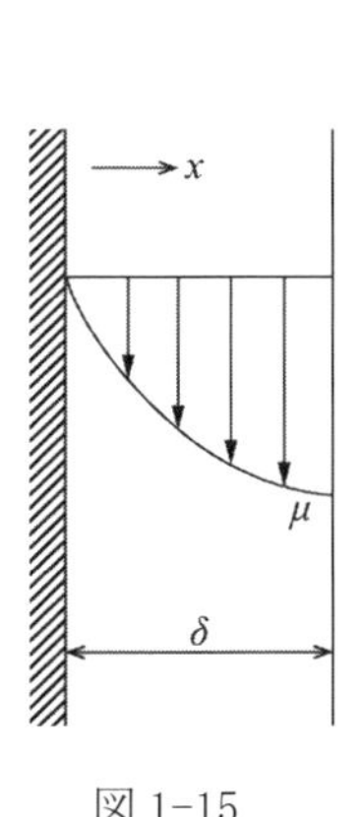

図 1-15

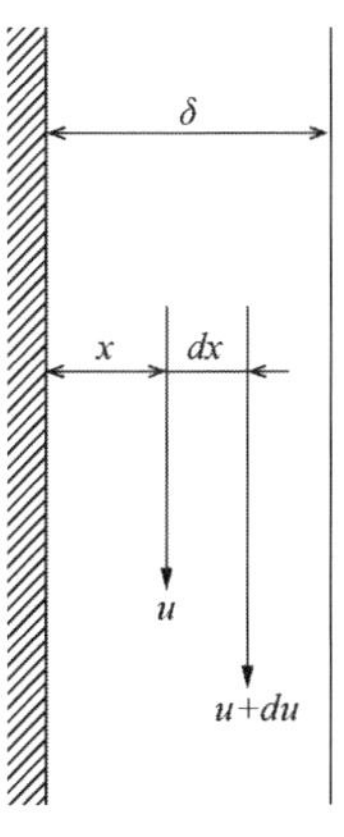

図 1-16

解答[1-9]

流体膜の厚さを δ，流体膜の幅を b，流体の密度を ρ，流体の粘性係数を μ，重力加速度を g とする．流下する薄膜の内部において，壁面から x の距離における流下速度を u，$x+dx$ の距離における流下速度を $u+du$ とすると(図 1-16 参照)，壁面に平行な面積 A に作用するせん断力 F はニュートンの粘性法則より次のようになる．

$$F = \mu\left(\frac{du}{dx}\right)A$$

定常状態においては，F は x より外側の体積 $A\cdot(\delta - x)$ の液体に作用する重力による力 $\rho g A\cdot(\delta - x)$ と釣り合っているから

$$F = \rho g A\cdot(\delta - x)$$

となる．これら２式から次の微分方程式が得られる．

$$\frac{du}{dx} = \left(\frac{\rho g}{\mu}\right)(\delta - x)$$

上式を積分し，壁面 $(x=0)$ で $u=0$ であることを考慮すれば，速度分布が次式のように得られる．

$$u = \left(\frac{\rho g}{\mu}\right)\left(x\delta - \frac{x^2}{2}\right)$$

上式より $x=\delta$ における速度が最大となることがわかるので，

$$u_{max} = (u)_{x=\delta} = \left(\frac{\rho g}{\mu}\right)\left(\delta\cdot\delta - \frac{\delta^2}{2}\right) = \frac{\rho g\delta^2}{2\mu}$$

厚さ dx，幅 b の微小断面を通過する流体の流量 dQ は次式より得られる．

$$dQ = ubdx = \left(\frac{\rho g}{\mu}\right)\left(x\delta - \frac{x^2}{2}\right)\cdot bdx$$

この式を，液膜厚さに渡って積分すると，液膜の流量 Q が求まる．

$$Q = \int dQ = \int_0^{\delta}\left(\frac{\rho g}{\mu}\right)\left(x\delta - \frac{x^2}{2}\right)\cdot bdx = \frac{b\rho g}{\mu}\left[\frac{1}{2}\delta x^2 - \frac{1}{2\times 3}x^3\right]_0^{\delta} = \frac{b\rho g\delta^3}{3\mu}$$

流量 Q を液膜の断面積 $b\cdot\delta$ で割ると液膜の平均流速 u_{mean} が得られる．

$$u_{mean} = \frac{Q}{b\delta} = \frac{\rho g \delta^2}{3\mu}$$

問題[1-10]

水平に置かれている，内径が一様なガラス管の中央部に水銀を入れ，その両側に空気の部分ができるように密閉した．このときの水銀の長さは0.51 m で，両側の空気の部分は，一方の長さが他方の2倍であった．このガラス管を空気の部分が短い方を上にして鉛直に立てたところ，上部及び下部の空気の部分の長さが，ともに0.15 m となった(図 1-17 参照)．初めの空気の圧力を，両側とも 101.3 kPa，鉛直に立てた場合も水銀の長さは変わらないものとしたとき，最初の空気の部分のそれぞれの長さを求めよ．ただし，空気の温度変化はないものとし，水銀の比重を 13.6 とする．

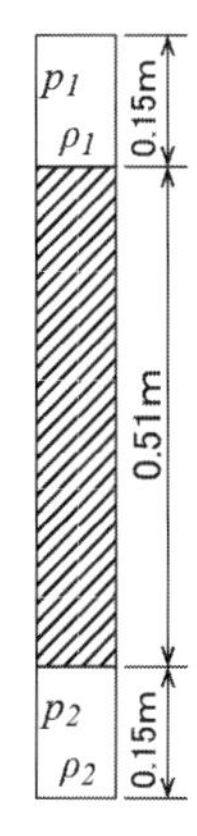

図 1-17

解答[1-10]

最初の空気の圧力及び密度を p_0 及び ρ_0，短い方の空気の部分の長さを l_1，長い方の長さを l_2，鉛直に立てた後の上端の空気の圧力及び密度を p_1 及び ρ_1，下端の空気の圧力及び密度を p_2 及び ρ_2，上端及び下端の空気の部分の長さを l_3，水銀の密度及び長さを ρ_{Hg} 及び h_{Hg} とする．温度一定の変化なので，

$$\frac{p_0}{\rho_0} = \frac{p_1}{\rho_1} = \frac{p_2}{\rho_2} = \text{const.} \quad \cdots\cdots\cdots\cdots\cdots\cdots (1)$$

各密度は，次のように表せる．なお，m_1，m_2 はガラス管内の空気の質量を示し，A はガラス管の断面積を示している．

$$\rho_0 = \frac{m_1}{l_1 A} = \frac{m_2}{l_2 A} \quad \cdots\cdots\cdots\cdots\cdots\cdots (2)$$

$$\rho_1 = \frac{m_1}{l_3 A} \quad \cdots\cdots\cdots\cdots\cdots\cdots (3)$$

$$\rho_2 = \frac{m_2}{l_3 A} \quad \cdots\cdots\cdots\cdots\cdots\cdots (4)$$

式(1)～(4)より

$$\frac{p_0}{\rho_0} = \frac{p_1}{\rho_1} \quad \rightarrow \quad p_1 l_3 = p_0 l_1 \quad \cdots\cdots\cdots\cdots\cdots\cdots (5)$$

$$\frac{p_0}{\rho_0} = \frac{p_2}{\rho_2} \quad \rightarrow \quad p_2 l_3 = p_0 l_2 \quad \cdots\cdots\cdots\cdots\cdots\cdots (6)$$

鉛直に立てたときの力のつり合いから

$$p_2 A = p_1 A + \rho_{Hg} g h_{Hg} \cdot A \quad \cdots\cdots\cdots\cdots\cdots\cdots (7)$$

式(7)に，式(5)と(6)を代入し，$l_2 = 2 \times l_1$ を考慮して整理すると，

$$l_1 = \frac{\rho_{Hg} g h_{Hg} l_3}{p_0}$$

が得られる．したがって，l_1 及び l_2 は次のようになる．

$$l_1 = \frac{13.6 \times 10^3 \times 9.8 \times 0.51 \times 0.15}{101.3 \times 10^3} = 0.1 \ \text{m}$$

$$l_2 = 2 \times 0.1 = 0.2 \ \text{m}$$

問題[1-11]

気体の比容積 v と気体に加わる圧力 p との関係が $pv^n = \text{const.}$（n は定数）の式で与えられるとき，この気体の体積弾性係数（体積弾性率）K が np で表されることを示せ．

解答[1-11]

体積弾性係数 K は，体積の減少率 $-\Delta V/V$ に対する圧力増加量 Δp の比で定義される．

$$K = \frac{\Delta p}{-\Delta V/V} = -V\frac{\Delta p}{\Delta V} = -v\frac{\Delta p}{\Delta v} = -v\frac{dp}{dv}$$

題意より，$pv^n = \text{const.}$ の関係がある．この式の両辺を v で微分すると次式が得られ

る．

$$\frac{d}{dv}(pv^n) = \frac{dp}{dv}v^n + p \cdot nv^{n-1} = 0$$

この式を整理すると，

$$-\frac{dp}{dv}v^n = npv^{n-1}$$

$$-v\frac{dp}{dv} = np$$

が得られる．この式の左辺は体積弾性係数の定義を表している．よって，体積弾性係数 K は次式のようになる．

$$K = np$$

問題[1-12]

温度 20℃，圧力 0.2 MPa の空気 5 m^3 を 2 m^3 まで圧縮した．このときの圧縮過程を等温変化および断熱変化とした場合の体積弾性係数をそれぞれ求めよ．

解答[1-12]

等温変化の場合，$pv = \text{const.}$ が成り立つ．これは，$pv^n = \text{const.}$ において $n = 1$ の場合に相当する．等温変化後の空気の圧力は次式により求まる．

$$p_2 = p_1\frac{v_1}{v_2} = 0.2 \times \frac{5}{2} = 0.5 \ \ \text{MPa}$$

よって，等温変化の場合の体積弾性係数 K は次のように得られる．

$$K = np = 1 \times 0.5 = 0.5 \ \ \text{MPa}$$

断熱変化の場合，比熱比を κ とすると $pv^\kappa = \text{const.}$ が成り立つ．これは，$pv^n = \text{const.}$ において $n = \kappa$ に相当する．断熱変化後の空気の圧力は次式により求まる．

$$p_2 = p_1\left(\frac{v_1}{v_2}\right)^\kappa = 0.2 \times \left(\frac{5}{2}\right)^{1.4} = 0.721 \ \ \text{MPa}$$

ここに，空気の比熱比は $\kappa = 1.4$ である．

よって，断熱変化の場合の体積弾性係数 K は次のように得られる．

$K = np = \kappa P = 1.4 \times 0.721 = 1.01\ \ \mathrm{MPa}$

問題［1-13］

水の中に細かい空気の気泡を混合して，混合流体（体積 $V\,[\mathrm{m}^3]$）を作った．この混合流体内において水の占める体積が $x\,[\mathrm{m}^3]$ であるとき，混合流体の比重量および体積弾性係数を表す式を導け．ただし，水および空気の比重量と体積弾性係数をそれぞれ γ_w，γ_a，K_w，K_a とする．

解答［1-13］

混合流体の重さを $w\,[\mathrm{N}]$，空気の重さを $y\,[\mathrm{N}]$とすると，水の重さは$(w-y)[\mathrm{N}]$と表される．また，題意より空気の体積は$(V-x)[\mathrm{m}^3]$と表される．これらのことから，比重量の定義により，以下の 3 式が成立する．

$$\gamma_w = \frac{(w-y)}{x}, \qquad \gamma_a = \frac{y}{(V-x)}, \qquad \gamma = \frac{w}{V} \quad [\mathrm{N/m^3}]$$

ここに，γ は混合流体の比重量である．これらの式から y と w を消去することを考える．

$$\gamma_w = \frac{(w-y)}{x}\ , \qquad \gamma_w x = w - y\ , \qquad w = \gamma_w x + y$$

上式を γ の式に代入すると

$$\gamma = \frac{w}{V} = \frac{\gamma_w x + y}{V}$$

$$\gamma_a = \frac{y}{(V-x)}\ , \qquad \gamma_a(V-x) = y$$

$$\gamma = \frac{\gamma_w x + y}{V} = \frac{\gamma_w x + \gamma_a(V-x)}{V}$$

上式から混合流体の比重量 γ が次式のように求まる．

$$\gamma = \frac{\gamma_w x + \gamma_a (V - x)}{V}$$

いま，この混合流体に dp だけ圧力を加えたとすると

$$dp = -K_w \frac{dV_w}{x} \ , \quad dp = -K_a \frac{dV_a}{V - x} \ , \quad dp = -K \frac{(dV_w + dV_a)}{V}$$

ここに，dV_wは水の体積変化，dV_aは空気の体積変化，Kは混合気体の体積弾性係数である．これら３式よりdp，dV_w，dV_aを消去することを考える．

$$dp = -K_w \frac{dV_w}{x} \ , \quad dV_w = -\frac{x}{K_w} dp$$

$$dp = -K_a \frac{dV_a}{V - x} \ , \quad dV_a = -\frac{(V - x)}{K_a} dp$$

$$dp = -K \frac{(dV_w + dV_a)}{V} = -K \frac{-\frac{x}{K_w} dp - \frac{(V - x)}{K_a} dp}{V}$$

$$V dp = K \frac{x}{K_w} dp + K \frac{(V - x)}{K_a} dp$$

両辺を dp で割ると

$$V = K \frac{x}{K_w} + K \frac{(V - x)}{K_a}$$

上式を変形すると混合気体の体積弾性係数 K が次のように求まる．

$$K \left\{ \frac{x}{K_w} + \frac{(V - x)}{K_a} \right\} = V$$

$$K = \frac{V}{\left\{ \frac{x}{K_w} + \frac{(V - x)}{K_a} \right\}} = \frac{V K_w K_a}{x K_a + (V - x) K_w}$$

問題[1-14]

最大風速 20 m/s の風洞を用いて実験を行いたい．この風洞で最大風速によって実験した場合，非圧縮性流体として取り扱うことができるが，なぜそうなのかについて説明せよ．また，圧縮性流体として実験を行いたい場合，風速はどの程度以上に

するべきなのかについて検討せよ．なお，実験においては常温（20 ℃），常圧（101 kPa）で行うものとする．

解答［1-14］

風洞実験における流れの多くはマッハ数 M により分類される．マッハ数 M は以下のように定義される無次元数である．

$$M = \frac{u}{a}$$

上式において，u は対象としている流れの速さ(m/s)，a は同条件下における音の速さ(m/s)である．音の速さは絶対温度 T の平方根に比例しており，以下の式で示される．

$$a = \sqrt{\kappa RT}$$

ここに，κ，R，T はそれぞれ空気の比熱比，ガス定数，絶対温度である．問題の条件から，$\kappa = 1.4$，$R = 287$ J/(kg･K)，$T = 273+20 = 293$ K のため

$$a = \sqrt{1.4 \times 287 \times 293} = 343 \ \ \mathrm{m/s}$$

求めた音の速さ a を用いてマッハ数 M を計算すると以下のようになる．

$$M = \frac{u}{a} = \frac{20}{343} = 0.0583$$

通常，マッハ数 0.3 以下の場合には低速風洞として分類されるとともに非圧縮性流体として考えることができる．逆にマッハ数が 0.3 になる場合の流速を計算すると

$$M = \frac{u}{a} = \frac{u}{343} = 0.3 \ , \qquad u = 343 \times 0.3 = 102.9 \ \ \mathrm{m/s}$$

室温による音速の変動分を考慮しても，105 m/s 以上の流速の場合には圧縮性流体として扱うことができる．

問題［1-15］

埋設されている水道管の途中が詰り，水が流れなくなった．不通箇所を特定するために，図 1-18 に示すように，その上流にあるバルブを閉じて密閉空間を作り，適

当な位置に直立管を設置した．この空間を水で満たし，直立管内のピストンを l だけ押し込んで圧縮したところ，密閉空間内の水の圧力が Δp 上昇した．水道管の直径を D，直立管の直径を d，バルブと不通箇所の距離を L，体積弾性係数を K として，L を求める式を導出せよ．ただし，直立管内の容積は，密閉空間の容積に比べて十分小さいものとする．

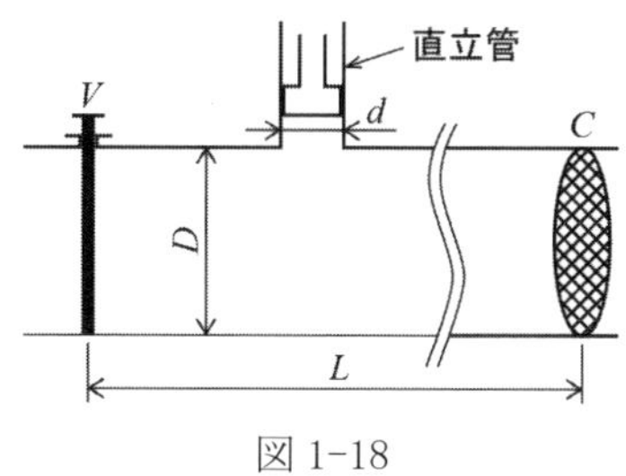

図 1-18

解答［1-15］

圧力変化 Δp，体積変化率 $\Delta V/V$ および体積弾性係数 K の間には次の関係がある．

$$\Delta p = -K\frac{\Delta V}{V}$$

ここで，ΔVは水の圧縮量で，$-\Delta V = \pi d^2 l/4$

Vは密閉空間の体積で，$V = \pi D^2 L/4$

である．これらを上式に代入すると，

$$\Delta p = K\frac{\pi d^2 l/4}{\pi D^2 L/4}$$

よって，$L = K\dfrac{d^2 l}{D^2 \Delta p}$

問題［1-16］

大気圧 101.3 kPa，気温 20℃の地上において，直径 10 m の球形の気球に，水素を 80 m^3 だけ入れた．この気球を，大気圧 20 kPa，気温－45℃ の上空において直径一杯まで膨らませるために，補充すべき水素の体積はいくらか．

解答[1-16]

気球内の水素の質量は変化しないことに着目する．絶対圧力を p，ガス定数を R，絶対温度を T とすると，気球内の水素の密度 ρ は理想気体の状態方程式より次のようになる．

$$\rho = \frac{p}{RT}$$

この式の両辺に体積 V を乗じると質量 m について次式が得られる．

$$\rho V = m = \frac{pV}{RT}$$

地上における圧力，温度および体積を p_0，T_0 および V_0，上空での圧力，温度および体積を p_1，T_1 および V_1 とすると，気球の中の水素の質量が変化しないことから次式が得られる．

$$\frac{p_0 V_0}{RT_0} = \frac{p_1 V_1}{RT_1}$$

この式を V_1 について解くと，上空での気球の中の水素の体積が得られる．

$$V_1 = \frac{p_0 T_1}{p_1 T_0} V_0$$

この V_1 を，気球が直径一杯まで膨らんだときの気球の体積 V から差し引いた分が，上空で補充すべき水素の体積 V' となる．よって，

$$V' = V - V_1 = \frac{4}{3}\pi\left(\frac{D}{2}\right)^3 - \frac{p_0 T_1}{p_1 T_0} V_0 = \frac{4}{3}\pi \times \left(\frac{10}{2}\right)^3 - \frac{101.3 \times 10^3 \times (-45 + 273)}{20 \times 10^3 \times (20 + 273)} \times 80$$

$$= 208.0 \ \mathrm{m}^3$$

問題[1-17]

高さ 2.4 m，幅 3.5 m，奥行 4.5 m の密閉空間内の空気の圧力および温度が 101.3 kPa および 15 ℃であった．この空気の温度が 40℃ となったとき，圧力を 101.3 kPa に保つためには，何 kg の空気を外に逃がさなければならないか．ただし，空気のガス定数を 287 J/(kg·K)とする．

解答[1-17]

空間内の温度が 15℃ のときの空間内の空気の密度 ρ は，理想気体の状態方程式より次のようになる．

$$\rho = \frac{p}{RT} = \frac{101.3 \times 10^3}{287 \times (15 + 273)} = 1.226 \ \ \mathrm{kg/m^3}$$

したがって，空間内の容積を V とすると，空気の質量 m が次のように求まる．

$m = \rho V = 1.226 \times (2.4 \times 3.5 \times 4.5) = 46.34 \ \ \mathrm{kg}$

空間内の温度が 40℃ になった場合を考える．変化するのは温度のみで圧力を 101.3 kPa に保つのだから，空間内の空気の密度 ρ' は

$$\rho' = \frac{p}{RT} = \frac{101.3 \times 10^3}{287 \times (15 + 273)} = 1.228 \ \ \mathrm{kg/m^3}$$

となる．よって，空間内の空気の質量 m' は

$m' = \rho' V = 1.128 \times (2.4 \times 3.5 \times 4.5) = 42.64 \ \ \mathrm{kg}$

となる．したがって，空間内の温度が 40℃ に上昇しても，圧力を一定に保つためには $m - m'$ の空気を空間の外に逃がす必要がある．

$(m - m') = 46.34 - 42.64 = 3.7 \ \ \mathrm{kg}$

問題[1-18]

２サイクルエンジンが稼働している状態を想定し，以下の問いに答えよ．

（1） 1サイクル駆動する時（ピストンが下死点から上死点へ移動するとき）の体積弾性係数 K を求めよ．ただし，このエンジンの圧縮比を α とする．また，このエンジンの燃焼室体積を V_s，シリンダ内径を D，ストローク（下死点から上死点までの移動距離）を L とし，ピストンが上下する範囲内での容積を V_L とする．さらに，ピストンが下死点から上死点へ移動した際の圧力差を ΔP とする．

（2） ピストンが上下に移動する際，壁面とピストンリングとはエンジンオイルの油膜を通して接触している．油膜の厚さを δ とし，ピストンリングの厚みを h とした場合，ピストンが上死点から下死点まで移動する際のエンジンオイ

ルによる摩擦抵抗力 f を求めよ．ただし，ピストンの移動速度は一定であり，U とする．

（3）エンジンが稼働している状態を断熱変化と仮定して，工業仕事 L_t および絶対仕事 L（ピストンが下死点から上死点へ移動する際の仕事）を求めよ．ただし，ピストンが下死点の位置にある場合の温度を T_L，上死点の位置にある場合の温度を T_U，定圧比熱を C_p，定容比熱を C_v，比熱比を κ とする．また，仮定として，変化の前後における燃焼ガスの質量 G は変化しない．

（4）このエンジンが n [rpm] で駆動している際に得られる出力 P を求めよ．ただし，クランクシャフトにおいてクランクジャーナル（出力軸）とクランクピンとの距離を C とする．また，燃焼による爆発圧力を P_B とし，その圧力はピストン上面で受けるものとする．ただし，爆発圧力によりピストンに作用する力を F，クランクピンに作用する力を F_t，出力軸であるクランクジャーナルに作用するトルクを T，エンジンンの回転による角速度を ω とし，エンジンオイルによる摩擦抵抗力以外の機械的損失は無視する．

解答［1-18］

（1）2サイクルエンジンは，図 1-19 に示すような工程で動作する．

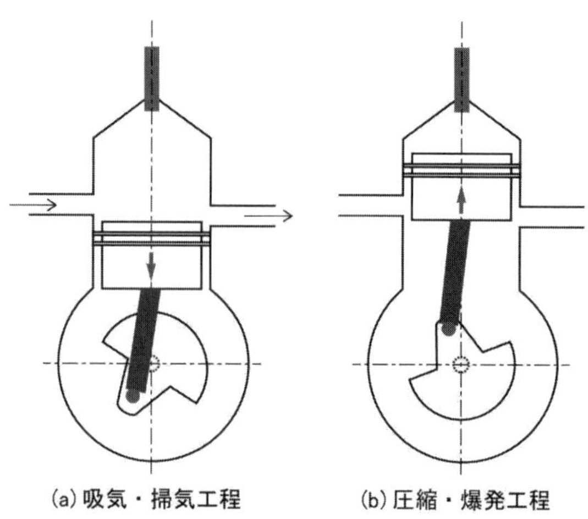

図 1-19

なお，上死点，下死点等詳細な名称類を図 1-20 に示す.

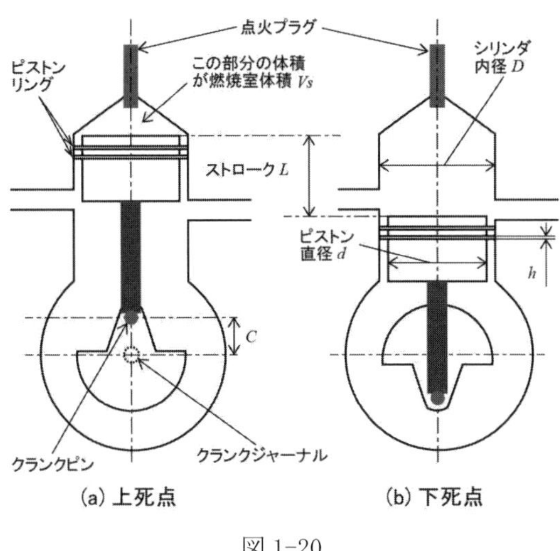

図 1-20

内燃機関における圧縮比 α とは以下のように定義される.

$$\alpha = \frac{(V_S + V_L)}{V_S}$$

また，V_L は以下のようにして計算される.

$$V_L = \frac{\pi}{4} D^2 L$$

上記の関係を適用すると，圧縮比 α は以下のように表現できる.

$$\alpha = \frac{\left(V_S + \frac{\pi}{4} D^2 L\right)}{V_S} = \frac{\frac{4V_S + \pi D^2 L}{4}}{V_S} = \frac{4V_S + \pi D^2 L}{4V_S}$$

一方，体積弾性係数 K は以下のように定義される.

$$K = \frac{\Delta P}{-\frac{\Delta V}{V}}$$

上式の関係から，今回の問題に適用すると

$$K = \frac{\Delta P}{-\frac{-V_L}{V_S + V_L}} = \frac{V_S + V_L}{V_L}\Delta P = \frac{V_S + \frac{\pi}{4}D^2 L}{\frac{\pi}{4}D^2 L}\Delta P = \frac{\frac{4V_S + \pi D^2 L}{4}}{\frac{\pi D^2 L}{4}}\Delta P = \frac{4V_S + \pi D^2 L}{\pi D^2 L}\Delta P$$

圧縮率 α の式を変形すると

$$V_S = \frac{\pi D^2 L}{4(\alpha - 1)}$$

上記の関係を体積弾性係数の式に適用すると

$$K = \frac{4\left\{\frac{\pi D^2 L}{4(\alpha - 1)}\right\} + \pi D^2 L}{\pi D^2 L}\Delta P = \frac{\frac{\pi D^2 L}{\alpha - 1} + \pi D^2 L}{\pi D^2 L}\Delta P = \frac{\frac{\pi D^2 L\alpha}{\alpha - 1}}{\pi D^2 L}\Delta P = \frac{\alpha}{\alpha - 1}\Delta P$$

（2）油膜は薄いので，ピストンリングとシリンダ内壁との隙間の速度分布はほぼ直線的と考えられる．それゆえ，次式が成り立つ．

$$f = \mu\frac{U}{\delta}A$$

ここで，f はエンジンオイルによる摩擦抵抗力であり，μ は粘性係数，A はピストンリングがシリンダ内壁に接している面積をそれぞれ示している．図 1-20 より，面積 A は以下のように表現できる．

$$A = 2\pi Dh$$

上記の関係を適用すると

$$f = 2\mu\frac{U}{\delta}\pi Dh$$

（3）断熱変化における工業仕事 L_t は以下のように定義できる．

$$L_t = GC_p(T_L - T_U)$$

一方，工業仕事 L_t と絶対仕事 L との間には，断熱変化の場合，以下の関係がある．

$$L_t = \kappa L$$

上式と工業仕事の式を用いると

$$L = \frac{L_t}{\kappa} = \frac{GC_p(T_L - T_U)}{\kappa}$$

また，定圧比熱 C_p は以下のように定義される．

$$C_p = \frac{\kappa}{\kappa - 1}R$$

ここで，R はガス定数である．この関係を適用すると

$$L = \frac{G\dfrac{\kappa}{\kappa - 1}R(T_L - T_U)}{\kappa} = \frac{R}{\kappa - 1}G(T_L - T_U)$$

さらに，定容比熱 C_v は以下のように定義される．

$$C_v = \frac{R}{\kappa - 1}$$

上記の関係を用いて式を書き直すと

$$L = GC_v(T_L - T_U)$$

（4）爆発圧力によりピストンに作用する力 F は以下のように定義できる．

$$F = \frac{P_B}{A_p}$$

上式において，A_p はピストン上面の面積であり，図 1-20 より以下のようになる．

$$A_p = \frac{\pi}{4}d^2$$

上記の関係を用いて式を書き直すと

$$F = \frac{P_B}{\dfrac{\pi}{4}d^2} = \frac{4P_B}{\pi d^2}$$

一方，F と F_t には以下のような関係がある．

$$F_t = F - f$$

上式における f は，問(2)で求めた摩擦抵抗力である．そのため，その関係およびすでに導出した関係を代入すると

$$F_t = \frac{4P_B}{\pi d^2} - 2\mu \frac{U}{\delta} \pi D h = 2\left(\frac{2P_B}{\pi d^2} - \mu \frac{U}{\delta} \pi D h\right)$$

クランクジャーナルに作用するトルク T は以下のように定義できる．

$$T = F_t C$$

上式に，クランクピンに作用する力 F_t を適用すると

$$T = 2\left(\frac{2P_B}{\pi d^2} - \mu \frac{U}{\delta} \pi D h\right) C$$

一方，n [rpm]で駆動しているエンジンの角速度 ω は以下のように定義できる．

$$\omega = \frac{2\pi n}{60} = \frac{\pi n}{30} \ \text{[rad/s]}$$

また，出力 P は以下のように定義される．

$$P = T\omega$$

上式にこれまで導出した関係を代入すると

$$P = 2\left(\frac{2P_B}{\pi d^2} - \mu \frac{U}{\delta} \pi D h\right) C \cdot \frac{\pi n}{30} = \frac{\pi n}{15} C \left(\frac{2P_B}{\pi d^2} - \mu \frac{U}{\delta} \pi D h\right)$$

2章　流体静力学

問題[2-1]

図2-1のようなマノメータにおける圧力 p_A を単位[Pa]で求めよ．ただし，水の密度は1000 kg/m^{3}とする．

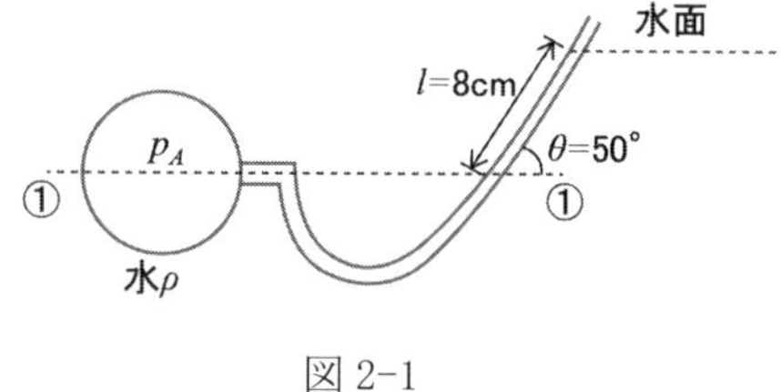

図2-1

解答[2-1]

$$p_A = \rho g l \sin\theta = 1000 \times 9.8 \times 0.08 \times \sin 50° = 601 \ \ \text{Pa}$$

問題[2-2]

図2-2に示すようなマノメータで $y_1 = 1.2$ m，$y_2 = 1.4$ m，$h = 0.6$ m の場合，２つの容器内の圧力差 $p_1 - p_2$ を単位[Pa]で求めよ．ただし，水の密度を1000 kg/m^3，水銀（斜線部）の密度を13600 kg/m^{3}とする．

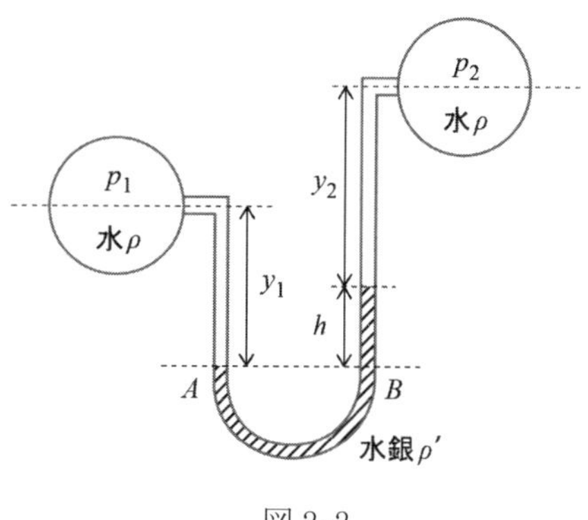

図2-2

解答[2-2]

$p_A = p_B$ であるので，次の２式より，式①が得られる．

$$\begin{cases} p_A = p_1 + \rho g y_1 \\ p_B = p_2 + \rho g y_2 + \rho' g h \end{cases}$$

$$p_1 + \rho g y_1 = p_2 + \rho g y_2 + \rho' g h \quad \cdots\cdots\cdots\cdots ①$$

$$\begin{aligned} p_1 - p_2 &= \rho g y_2 + \rho' g h - \rho g y_1 \\ &= 1000 \times 9.8 \times 1.4 + 13600 \times 9.8 \times 0.6 - 1000 \times 9.8 \times 1.2 \\ &= 81.9 \times 10^3 \ \ \text{Pa} \end{aligned}$$

問題[2-3]

図 2-3 のように，水槽の上層に軽い液体 A が，下層に重い液体 B が溜まっている．それぞれの液体の比重は 0.7 と 1.2 である．

(1) C 点における静水圧 p_C を求めよ．

(2) D 点における静水圧 p_D を求めよ．

(3) 水槽の底面に直径 2 m の円盤が沈んでいる．この円盤に掛かる全圧力 P を求めよ．

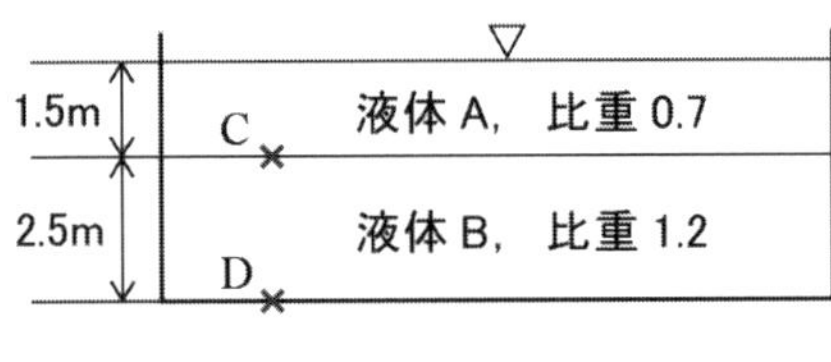

図 2-3

解答[2-3]

(1) $p_C = \rho_A g h_A = 700 \times 9.8 \times 1.5 = 10.3 \times 10^3$ Pa

(2) $p_D = p_C + \rho_B g h_B = 10.3 \times 10^3 + 1200 \times 9.8 \times 2.5 = 39.7 \times 10^3$ Pa

(3) $P = p_D A = 39.7 \times 10^3 \times \dfrac{\pi}{4} 2^2 = 39.7 \times 10^3 \times 3.14 = 125 \times 10^3$ N

問題[2-4]

図 2-4 に示す密閉された容器において，油の密度を $\rho_o = 700$ kg/m^3，水銀の密度を $\rho' = 13600$ kg/m^3 としたときについて，以下の問いに答えよ．ただし，空気の密度は液体の密度に比べて非常に小さいとみなして良い．なお，容器内の空気の圧力は p_i である．

(1) 容器内の空気の絶対圧力 p_i を求めよ．

(2) 油の深さが $h_o = 1.2$ m における容器の底における圧力値 p_A をゲージ圧で求めよ．

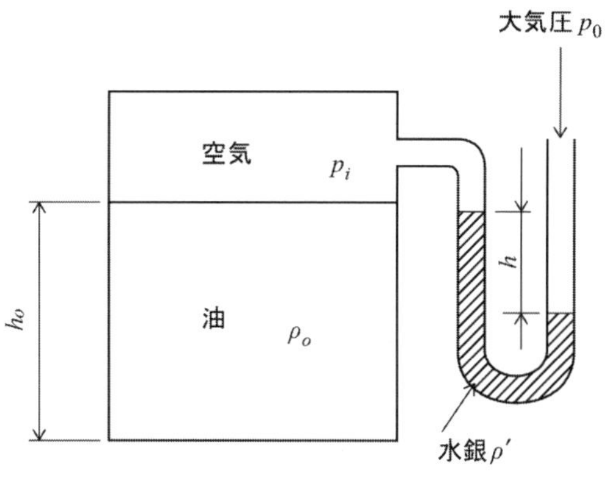

図 2-4

解答[2-4]

(1) 容器内の空気の絶対圧力 p_i は,

$$p_i + \rho' gh = p_0$$

$$p_i = p_0 - \rho' gh$$

$$= 1013 \times 10^2 - 13600 \times 9.8 \times 0.5 = 3.47 \times 10^3 \ \text{Pa} = 34.7 \ \text{kPa}$$

(2) 容器の底における圧力値 p_A は,

$$p_A = p_i + \rho_o gh$$

$$p_A = p_0 - \rho' gh + \rho_o gh_o$$

ゲージ圧のため

$$p_A - p_0 = -\rho' gh + \rho_o gh_o$$

$$= -13600 \times 9.8 \times 0.5 + 700 \times 9.8 \times 1.2 = -58.4 \times 10^3 \ \text{Pa} = -58.4 \ \text{kPa}$$

問題[2-5]

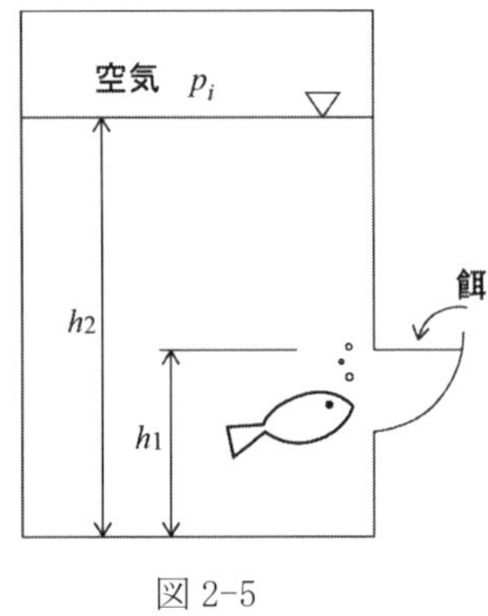

図 2-5

図 2-5 のような，横に穴が開いており，魚に餌を与えることができる水槽がある．このような水槽で，横の穴から水があふれないようにするには，水槽の空気部分の圧力(ゲージ圧)をいくらにすればよいか求めよ．ただし，$h_1 = 1$ m，$h_2 = 3$ m とする．

解答[2-5]

大気圧を p_0 として，圧力の釣り合いから，

$$p_0 = p_i + \rho g(h_2 - h_1)$$

$$\begin{aligned} p_i - p_0 &= -\rho g(h_2 - h_1) \\ &= -1000 \times 9.8 \times (3 - 1) \\ &= -19.6 \times 10^3 \ \ \mathrm{Pa} = -19.6 \ \ \mathrm{kPa} \end{aligned}$$

問題[2-6]

図 2-6 に示すように，シリンダーとピストンで構成されている油圧装置にレバーが取り付けてある．レバーに作用させる力が $F = 500$ N，$L_1 = 1$ m，$L_2 = 0.5$ m，$\phi d_1 = 0.4$ m，$\phi d_2 = 1.2$ m のとき，大きいピストンによって持ち上げることがきる物体の質量 M はいくらになるか．

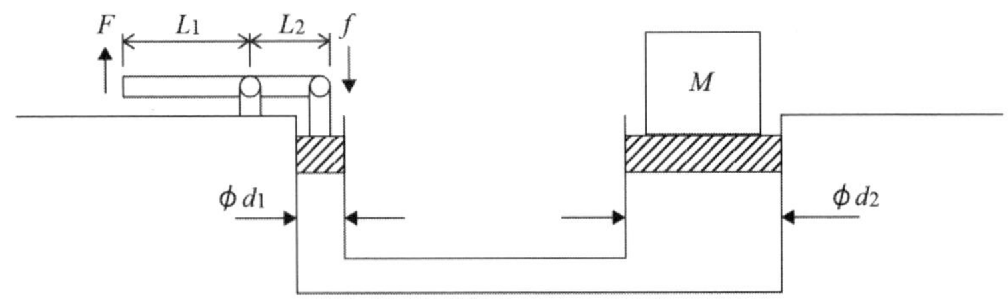

図 2-6

解答[2-6]

レバーを引き上げることで，小さいピストンに作用する力 f は，

$$f=\frac{L_1}{L_2}F$$

$$f=\frac{1}{0.5}\times 500=1000\ \ \mathrm{N}$$

パスカルの原理から，油圧装置内の圧力は等しいので，

$$\frac{f}{\frac{\pi}{4}{d_1}^2}=\frac{Mg}{\frac{\pi}{4}{d_2}^2}$$

$$M=\left(\frac{d_2}{d_1}\right)^2\frac{f}{g}=\left(\frac{1.2}{0.4}\right)^2\times\frac{1000}{9.8}=918\ \ \mathrm{kg}$$

問題[2-7]

図 2-7 に示すような，水を入れるための立方体(1 辺の長さ $L=1.8$ m)の容器を作成したい．水の深さが h = 1.5 m の場合について，容器の一つの側壁に作用する圧力合力の大きさとそれの作用点を求めよ．

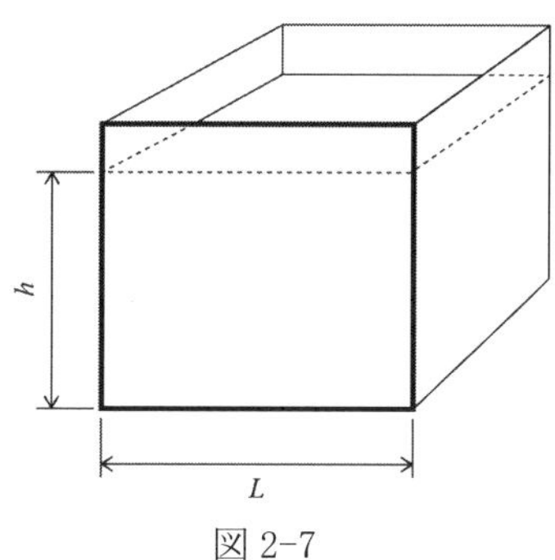

図 2-7

解答[2-7]

側壁に作用する力の大きさ F は，水の密度を ρ，重力加速度を g，水が接する側壁の図心の深さを h_G，水が接する側壁の面積を A とすると，

$$F=\rho g h_G A=\rho g\frac{1}{2}h^2L=1000\times 9.8\times\frac{1}{2}\times 1.5^2\times 1.8$$

$$=19845\ \ \mathrm{N}=19.8\ \ \mathrm{kN}$$

作用点の位置 y_C は，$y_C=\frac{I_G}{y_G A}+y_G$ で求めることができる．

ここで，I_G は壁の断面二次モーメント，y_G は壁の図心の深さ，A は水が接する側壁

の面積である．長方形の板の断面二次モーメントは，$I_G = bh^3/12$（$b=$ 板の幅，$h=$ 板の高さ）であるので，

$$y_C = \frac{\left(bh^3/_{12}\right)}{y_G A} + y_G = \frac{\left(1.8 \times 1.5^3/_{12}\right)}{0.75 \times (1.8 \times 1.5)} + 0.75 = 1.00 \text{ m}$$

∴水面から 1.00 m のところが作用点となる．

問題[2-8]

図 2-8 のように，鉛直な堰（奥行き幅 $B = 5$ m）によって海水と淡水がせき止められている．淡水の密度を ρ，重力加速度を g とし，海水の比重が 1.025 である場合，堰に掛かる海水・淡水の全圧力 P_{x1}, P_{x2} とそれぞれの作用点 h_{c1}, h_{c2} を求めよ．また，堰に作用する合力 P_x とその作用方向（右向き or 左向き），および作用点の水深 hc（左側水面からの深さ）を求めよ．

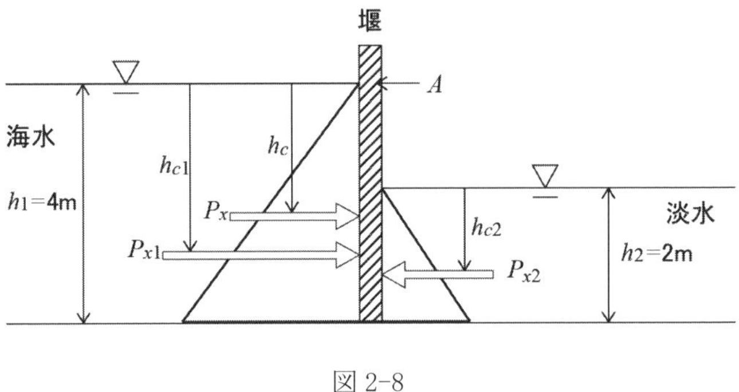

図 2-8

解答[2-8]

海水から受ける全圧力 P_{x1} とその作用点 h_{c1} を算定すると

$$p_{x1} = 1.025\rho g h_{G1} A_1 = 1.025\rho g \times \frac{4}{2} \times (4 \times 5) = 41\rho g \ \ [\text{N}]$$

$$I_{G1} = \frac{B{h_1}^3}{12} = \frac{5.0 \times 4.0^3}{12} = 26.6 \ \text{m}^4$$

$$h_{C1} = h_{G1} + \frac{I_{G1}}{h_{G1}A_1} = 2 + \frac{26.6}{2 \times 20} = 2.67 \ \ \mathrm{m}$$

淡水から受ける全圧力 P_{x2} とその作用点 h_{c2} を算定すると

$$p_{x2} = \rho g h_{G2} A_2 = \rho g \times \frac{2}{2} \times (2 \times 5) = 10\rho g \ \ [\mathrm{N}]$$

$$I_{G2} = \frac{B{h_2}^3}{12} = \frac{5.0 \times 2.0^3}{12} = 3.3 \ \ \mathrm{m}^4$$

$$h_{C2} = h_{G2} + \frac{I_{G2}}{h_{G2}A_2} = 1 + \frac{3.3}{1 \times 10} = 1.33 \ \ \mathrm{m}$$

合力 P_x とその方向は

$P_x = P_{x1} - P_{x2} = 41\rho g - 10\rho g = 31\rho g \ \ [\mathrm{N}]$ 右向き

作用点はA点のモーメントのつり合いより

$$P_x h_c = P_{x1} h_{c1} - P_{x2}\{(h_1 - h_2) + h_{c2}\}$$

$$h_c = \frac{P_{x1} h_{c1} - P_{x2}\{(h_1 - h_2) + h_{c2}\}}{P_x} = \frac{41\rho g \times 2.67 - 10\rho g \times (2 + 1.33)}{31\rho g} = 2.46 \ \ \mathrm{m}$$

合力の作用位置は堰左側の水位より 2.46 m 深い位置となる.

問題[2-9]

図 2-9 のように堰に掛かる静水圧を水平な n 個の層に分け，各層の全圧力を同じにしたいとき，どのように分割すればよいか．また，水深 h が 12 m で 4 分割したとき，各層の下端の水深 h_1, h_2, h_3 はそれぞれ何 m となるか算定せよ．なお，堰の奥行き方向の長さは，単位長さとする．

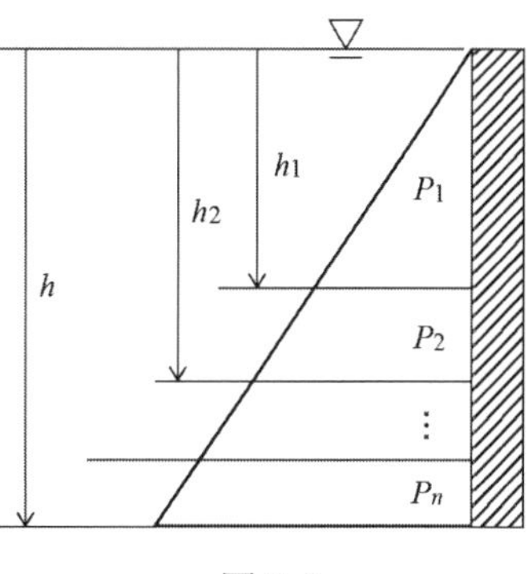

図 2-9

解答[2-9]

各層の全圧力が P_n と等しいことから

$$P_n = \frac{1}{n}\frac{\rho g}{2}h^2 \quad \cdots\cdots\cdots\cdots (1)$$

上から $\underline{m}$ 番目の層までの水圧の総和は以下のようになる

$$mP_n = \frac{m}{n}\frac{\rho g}{2}h^2 \quad \cdots\cdots\cdots\cdots (2)$$

m 番目の層の下端の水深を h_m とすると，m 番目の層までの全圧力の総和は以下の式でも表すことができる．

$$mP_n = \frac{\rho g}{2}{h_m}^2 \quad \cdots\cdots\cdots\cdots (3)$$

式(2)，(3)より

$$\frac{m}{n}\frac{\rho g}{2}h^2 = \frac{\rho g}{2}{h_m}^2$$

上式をまとめ，h_m と h との関係式を導くと

$$h_m = \left(\frac{m}{n}\right)^{\frac{1}{2}}h \quad \cdots\cdots\cdots\cdots (4)$$

式(4)を計算することにより，各層の分割面が算定できる．$h = 12$ m で 4 分割した場合の h_1，h_2，h_3 は，式(4)より $h_1 = 6$ m，$h_2 = 8.49$ m，$h_3 = 10.4$ m となる．

問題[2-10]

図 2-10 のような形状のコンクリート製ダムがある．ダムの斜面勾配を縦横比（1：○）で表している．ダム上流側に水深 30 m で貯水しているとき，単位幅あたりにおける水圧とダム重量による A 点まわりのモーメント（時計回りを正）を求めよ．ただし，水の密度 ρ を 1000 kg/m^3 とし，コンクリートの比重は 2.3 とする．

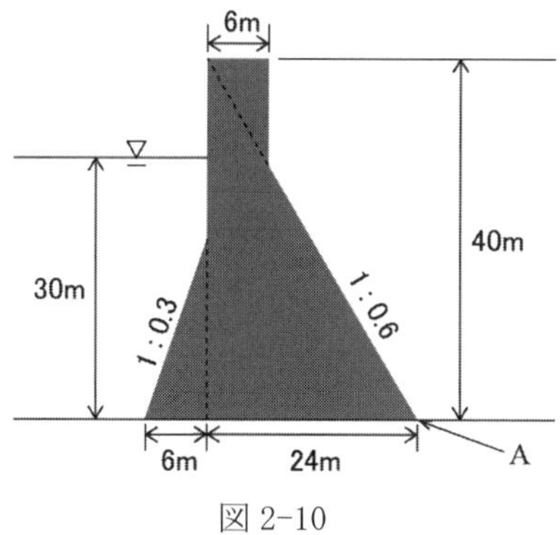

図 2-10

解答[2-10]

図 2-11 に示すように，図 2-10 に関係する物理記号を追記する．

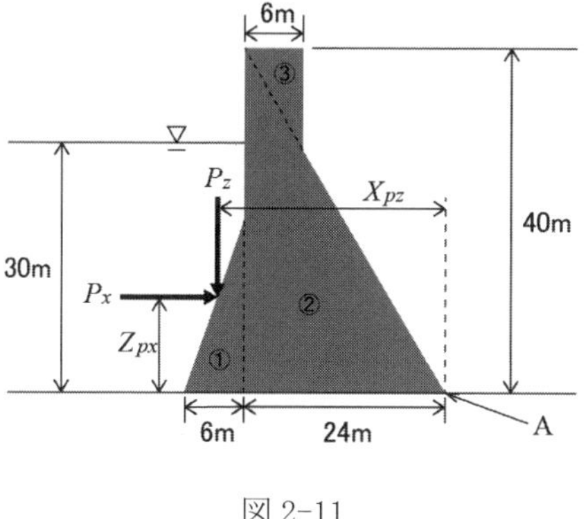

図 2-11

水平方向の全圧力 P_x とモーメント M_x:

$$P_x = \rho g H_G A = 1000 \times 9.8 \times \frac{30}{2} \times 30 = 4.41 \times 10^6 \ \text{N}$$

$$Z_{px} = 30 \times \frac{1}{3} = 10 \ \text{m}$$

$$M_x = P_x Z_{px} = 4.41 \times 10^6 \times 10 = 44.1 \times 10^6 \ \text{Nm}$$

鉛直方向の全圧力 P_z とモーメント M_z:

$$P_z = \rho g V = 1000 \times 9.8 \times \left(10 \times 6 + \frac{1}{2} \times 20 \times 6\right) = 1.18 \times 10^6 \text{ N}$$

$$M_z = -P_z Z_{pz} = -1.18 \times 10^6 \times (24 + 4) = -33.0 \times 10^6 \text{ Nm}$$

次にコンクリートの自重によるモーメントを，ダムを 3 分割して考える.

①部分の重量 W_{c1} とモーメント M_{c1}:

$$W_{c1} = \rho_c g V = 2300 \times 9.8 \times \left(\frac{1}{2} \times 20 \times 6\right) = 1.35 \times 10^6 \text{ N}$$

$$M_{c1} = -W_{c1} X_{c1} = -1.35 \times 10^6 \times (24 + 2) = -35.1 \times 10^6 \text{ Nm}$$

②部分の重量 W_{c2} とモーメント M_{c2}:

$$W_{c2} = \rho_c g V = 2300 \times 9.8 \times \left(\frac{1}{2} \times 24 \times 40\right) = 10.8 \times 10^6 \text{ N}$$

$$M_{c2} = -W_{c2} X_{c2} = -10.8 \times 10^6 \times 16 = -173 \times 10^6 \text{ Nm}$$

③部分の重量 W_{c3} とモーメント M_{c3}:

$$W_{c3} = \rho_c g V = 2300 \times 9.8 \times \left(\frac{1}{2} \times 6 \times 10\right) = 294 \times 10^3 \text{ N}$$

$$M_{c3} = -W_{c3} X_{c3} = -294 \times 10^3 \times (24 - 4) = -5.88 \times 10^6 \text{ Nm}$$

A 点まわりのモーメントより

$$\begin{aligned} M_A &= M_x + M_z + M_{c1} + M_{c2} + M_{c3} \\ &= 44.1 \times 10^6 - 33.0 \times 10^6 - 35.1 \times 10^6 - 173 \times 10^6 - 5.88 \times 10^6 \\ &= -203 \times 10^6 \text{ Nm} = -203 \text{ MNm} \end{aligned}$$

問題[2-11]

図 2-12 のように，直径 $D = 4$ m，奥行き $B = 5$ m のローリングゲートの上流側に水深 $h = 2$ m の水が溜められている．水平方向の全圧力 P_x と作用点 h_c を求めよ．また，鉛直方向の全圧力 P_z とその作用位置（ゲート中心からの距離 a）を求めよ．ただし，重力加速度を g，円周率を π とし，水の密度を 1000 kg/m³ とする．

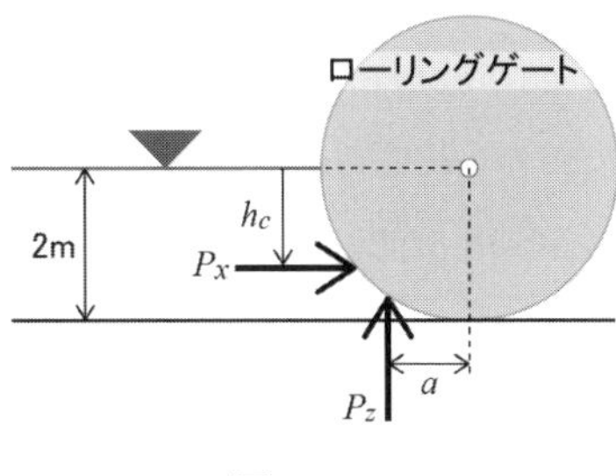

図 2-12

解答[2-11]

$$P_x = \rho g h_G A = 1000 \times g \times \frac{2}{2} \times (2 \times 5) = 10000g \ \ [\mathrm{N}]$$

$$I_G = \frac{Bh^3}{12} = \frac{5 \times 2.0^3}{12} = \frac{10}{3} \ \ \mathrm{m}^4$$

$$h_c = h_G + \frac{I_G}{h_G A} = 1 + \frac{\left(\frac{10}{3}\right)}{1 \times 10} = \frac{4}{3} \ \ \mathrm{m}$$

$$P_z = \rho g V = 1000 \times g \times 5 \times \left(\frac{1}{4} \times \frac{\pi}{4} \times 4^2\right) = 5000\pi g \ \ [\mathrm{N}]$$

ゲート中心まわりのモーメントの釣り合いより

$$P_z a - P_x h_c = 0.0$$

$$a = \frac{P_x h_c}{P_z} = \frac{10000g \times \frac{4}{3}}{5000\pi g} = \frac{8}{3\pi} \ \ [\mathrm{m}]$$

問題[2-12]

図 2-13 に示す半径 2 m，奥行き $B = 1$ m のローリングゲートに，満水で水が溜められている場合，以下の問いに答えよ．ただし，重力加速度を g，円周率を π とし，水の密度を 1000 kg/m^3 とする．

(1)　ゲートに作用する鉛直方向の全圧力 P_z を求めよ．

(2)　水平方向の全圧力 P_x と作用点の深さ h_{cx} を求めよ．

(3)　鉛直方向の全圧力 P_z の作用位置（ゲート中心からの距離 a）を求めよ．

(4)　全圧力の合力 P とその作用方向 θ を，重力加速度 9.8 m/s^2，円周率 3.14 として値を求めよ．

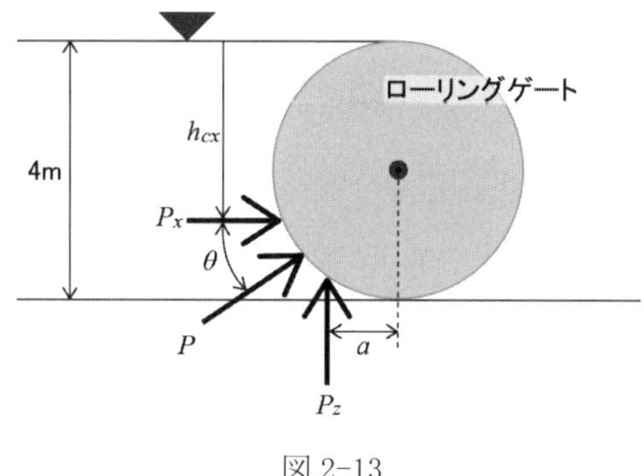

図 2-13

解答[2-12]

(1) ゲートに作用する鉛直方向の全圧力 P_z:

$$P_z = \rho g V = 1000 \times g \times \left(\frac{1}{2} \times \frac{\pi}{4} \times 4^2\right) = 2000\pi g\ \ [\mathrm{N}] = 2\pi g\ \ [\mathrm{kN}]$$

(2) 水平方向の全圧力 P_x と作用点の深さ h_{cx}:

$$P_x = \rho g h_G A = 1000 \times g \times \frac{4}{2} \times (4 \times 1) = 8000g\ \ [\mathrm{N}] = 8g\ \ [\mathrm{kN}]$$

$$I_G = \frac{Bh^3}{12} = \frac{1.0 \times 4.0^3}{12} = \frac{16}{3}\ \ \mathrm{m}^4$$

$$h_{cx} = h_G + \frac{I_G}{h_G A} = 2 + \frac{\left(\frac{16}{3}\right)}{2 \times 4} = \frac{8}{3} \ \ \mathrm{m}$$

(3) 鉛直方向の全圧力 P_z の作用位置（ゲート中心からの距離 a）:

$$P_z a = P_x \left(\frac{8}{3} - 2\right) = 0.0$$

$$a = \frac{P_x\left(\frac{8}{3} - 2\right)}{P_z} = \frac{8g \times \frac{2}{3}}{2\pi g} = \frac{8}{3\pi} \ \ [\mathrm{m}]$$

(4) 全圧力の合力 P とその作用方向 θ:

$$P = \sqrt{{P_x}^2 + {P_z}^2} = \sqrt{(8g)^2 + (2\pi g)^2} = 100 \ \ \mathrm{kN}$$

$$\cos\theta = \frac{P_x}{P} = \frac{8 \times 9.8}{100} = 0.784 \ , \qquad \therefore \theta = 38.4°$$

問題[2-13]

図 2-14 に示す半径 $R = 5$ m，幅（奥行き）$B = 6$ m のテンターゲートに関する以下の問に答えよ.

(1) ゲートに作用する鉛直方向の全圧力 P_z を求めよ.

(2) 水平方向の全圧力 P_x と作用点の深さ h_{cx} を求めよ.

(3) 鉛直方向全圧力 P_z の作用位置（ゲート左端からの距離 a）を求めよ.

(4) 全圧力の合力 P とその作用方向 θ を求めよ.

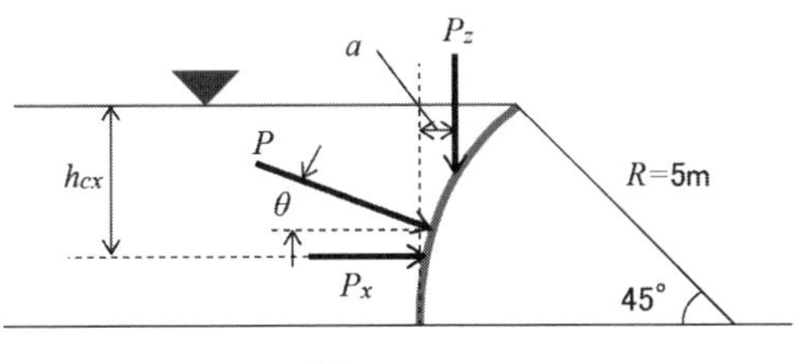

図 2-14

解答[2-13]

(1) ゲートに作用する鉛直方向の全圧力 P_z:

$$R\cos 45° = 3.54 \ \text{m}, \qquad R\sin 45° = 3.54 \ \text{m}$$

$$V = 6 \times \left\{(5-3.54) - \left(\frac{3.14}{4} \times 10^2 \times \frac{45}{360} - \frac{3.54^2}{2}\right)\right\}$$

$$V = 6 \times \{5.168 - (9.81 - 6.266)\} = 9.74 \ \text{m}^3$$

$$P_z = \rho g V = 1000 \times 9.8 \times 9.74 = 95.5 \times 10^3 \ \text{N} = 95.5 \ \text{kN}$$

(2) 水平方向の全圧力 P_x と作用点の深さ h_{cx}:

$$P_x = \rho g h_G A = 1000 \times 9.8 \times \frac{3.54}{2} \times (6 \times 3.54) = 368 \times 10^3 \ \text{N} = 368 \ \text{kN}$$

$$I_G = \frac{Bh^3}{12} = \frac{6.0 \times 3.54^3}{12} = 22.2 \ \text{m}^4$$

$$h_{cx} = h_G + \frac{I_G}{h_G A} = 1.77 + \frac{22.2}{1.77 \times (6 \times 3.54)} = 2.36 \ \text{m}$$

(3) 鉛直方向全圧力 P_z の作用位置(ゲート左端からの距離 a):

$$-P_z(5-a) + P_x(3.54 - 2.36) = 0.0$$

$$a = \frac{P_x(3.54-2.36)}{P_z} + 5 = -\frac{368 \times 1.18}{95.5} + 5 = 0.45 \ \text{m}$$

(4) 全圧力の合力 P とその作用方向 θ:

$$P = \sqrt{{P_x}^2 + {P_z}^2} = \sqrt{368^2 + 95.5^2} = 380 \ \text{kN}$$

$$\tan\theta = \frac{95.5}{368} = 0.26$$

$$\theta = 14.5°$$

問題[2-14]

図 2-15 のような氷山が海面上に浮かんでいる．氷山全体の体積が $V_i = 9500$ m^3 である時について以下の問いに答えよ．ただし，氷山の密度は $\rho_i = 920$ kg/m^3，海水の密度は $\rho' = 1020$ kg/m^3 とする．

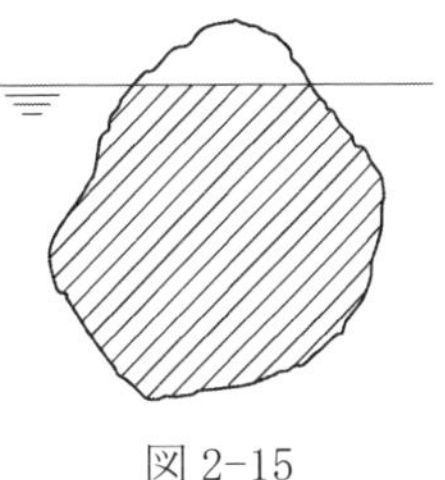
図 2-15

(1) 海面上に出た氷山の体積 V' はいくらになるか求めよ．

(2) 氷山に作用する浮力 F を求めよ．

解答[2-14]

(1) 氷山に作用する浮力と重力の釣り合いから，海水の密度をρ'，重力加速度を g，海水中にある氷山の体積を V，氷山の質量を m とすると，

$$\rho' gV = mg$$

$$\rho' g(V_i - V') = \rho_i V_i g$$

$$V' = 9500 - \frac{920}{1020} \times 9500 = 931 \ \text{m}^3$$

(2) 氷山に作用する浮力 F は，

$$F = \rho' gV = \rho' g(V_i - V')$$

$$F = 1020 \times 9.8 \times (9500 - 931) = 85.7 \times 10^6 \ \text{N} = 85.7 \ \text{MN}$$

問題[2-15]

図 2-16 のように，直径 d の球を水の中に入れて浮かべたとき，球の中心が水面の位置と一致するときの球の密度 ρ_s を求めよ．ただし，水の密度を ρ とする．

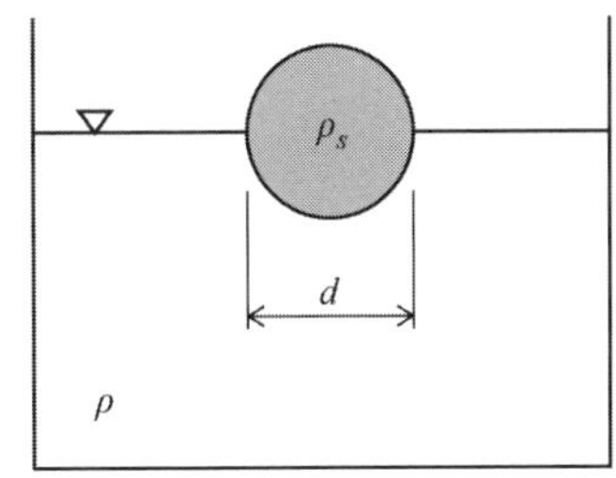

図 2-16

解答[2-15]

球の体積を V として，球に作用する浮力と重力の釣り合いから，

$$\rho g \cdot \frac{1}{2}V = \rho_s g V$$

球の体積は，$V = \frac{\pi}{6}d^3$ で求まるので，

$$\rho g \frac{\pi}{12}d^3 = \rho_s g \frac{\pi}{6}d^3$$

$$\therefore \quad \rho_s = \frac{1}{2}\rho$$

問題[2-16]

図 2-17 のような三角すいが，頂点を真下にして水に浮かんでいる．上面は正三角形で一辺が $a = 1$ m，三角すいの高さが $h_0 = 0.5$ m，物体の比重が 0.65 である場合，喫水 h [m]を求めよ．

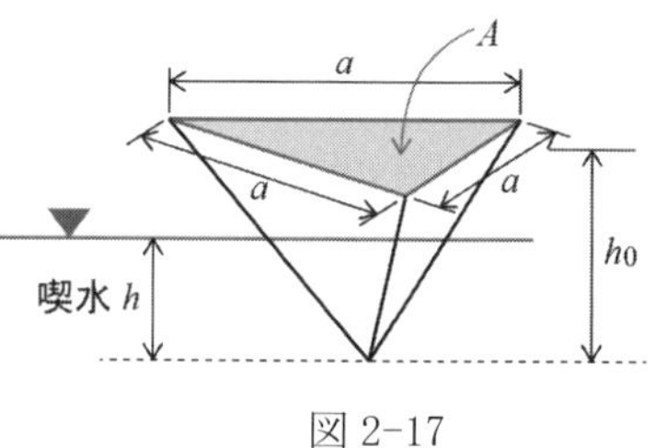

図 2-17

解答[2-16]

物体の重量 W_c

$$A = \frac{1}{2} \times 1 \times \sin 60° = \frac{\sqrt{3}}{4}$$

$$V_c = \frac{1}{3}Ah_0 = \frac{1}{3} \times \frac{\sqrt{3}}{4} \times 0.5 = 0.072 \ \ \mathrm{m}^3$$

$$W_c = \rho_c g V_c = 650 \times 9.8 \times 0.072 = 459 \ \ \mathrm{N}$$

喫水 h を考慮した浮力 P_V

$$P_V = \rho g V = 9.8 \times 1000 \times \frac{1}{3} \times \frac{1}{2} \times \left(\frac{h}{h_0}a \times \frac{h}{h_0}a \sin 60°\right) \times h = 5660h^3 \ \ [\mathrm{N}]$$

物体の釣り合い条件 $W_c = P_V$ より

$5660h^3 = 459$

$h = 0.43$ m

問題[2-17]

図 2-18 に示す，中が空洞の円筒（直径 6 m，高さ 4 m）が，水に浮かんでいる．物体の側壁および底面の厚さは 0.2 m であり，物体の比重が 2.0，水の密度が 1000 kg/m^3 である．この円筒の中に水を入れ，喫水を 3 m にしたい．円筒内の水の水深 h をいくらにすればよいか求めよ．ただし，重力加速度を g，円周率を π で計算する．

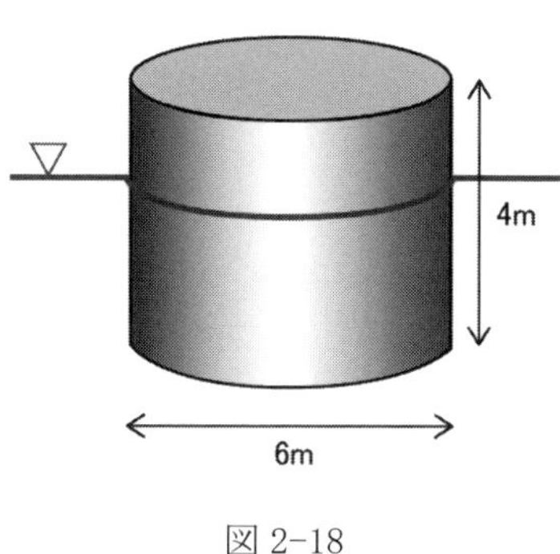

図 2-18

解答[2-17]

円筒物体の重量は次式のように計算できる．

$$W_1 = 2000 \times g \times \left\{ \frac{\pi \times 6^2}{4} 4 - \frac{\pi \times (6-0.4)^2}{4} (4-0.2) \right\}$$

$$= 2000 \times g \times (36\pi - 29.79\pi) = 12400\pi g \ \text{[N]}$$

円筒物体内の水の重量は次式のように計算できる．

$$W_2 = 1000 \times g \times \frac{\pi \times 5.6^2}{4} h = 7840\pi g h \ \text{[N]}$$

円筒物体の浮力は次式のように計算できる．

$$P_V = 1000 \times g \times \frac{\pi \times 6^2}{4} \times 3 = 27000\pi g \ \text{[N]}$$

釣り合い式 $W_1 + W_2 = P_V$ より

$$12400\pi g + 7840\pi g h = 27000\pi g \qquad \therefore h = 1.86 \ \text{m}$$

問題[2-18]

古代ギリシアの物理学者アルキメデスは，王冠が本物（純金）か偽物（合金）かを浮力を用いて調べた．調べた王冠が純金ではなく，金と銀の合金であった場合について以下の問いに答えよ．ただし，金の密度は ρ_g = 19.3×10^3 kg/m^3，　銀の密度は ρ_s=10.5×10^3 kg/m^3 とする．また，王冠の質量は空気中では m = 1 kg で，水中では浮力の影響で m' = 0.94 kg あった．

(1) 金の体積を V_g，銀の体積を V_s として，V_g と V_s の関係式を２つ求めよ．

(2) 金の質量は王冠全体の質量の何パーセントになるか．

解答[2-18]

(1) 王冠全体の質量から，

$V_g \cdot \rho_g + V_s \cdot \rho_s = m$ ……………… (1)

王冠に作用する浮力と重力の釣り合いから，

$\rho g\left(V_g + V_s\right) = (m - m') \cdot g$ ……………… (2)

(2) 式(1)，式(2)から，

$19.3 \times 10^3 \times V_g + 10.5 \times 10^3 \times V_s = 1$ ……………… (3)

$1000 \times \left(V_g + V_s\right) = (1 - 0.94) = 0.06$ ……………… (4)

式(3)から，

$$1000\left(V_g + V_s\right) = 0.06$$

$$V_g = \frac{0.06}{1000} - V_s$$

上式を式(4)に代入すると，

$$19.3 \times 10^3 \times \left(\frac{0.06}{1000} - V_s\right) + 10.5 \times 10^3 \times V_s = 1$$

$$V_s = \frac{1 - 19.3 \times 0.06}{(10.5 - 19.3) \times 10^3} = 18.0 \times 10^{-6}\ \mathrm{m}^3$$

$$\therefore\ V_g = 42.0 \times 10^{-6}\ \mathrm{m}^3, \qquad V_s = 18.0 \times 10^{-6}\ \mathrm{m}^3$$

金の質量の割合は，

$$\frac{V_g \cdot \rho_g}{m} = \frac{42.0 \times 10^{-6} \times 19.3 \times 10^3}{1} = 0.811 \quad \therefore 81.1\ \%$$

問題[2-19]

図 2-19 のような単位重量 23 kN/m^3 のコンクリートで建造されたケーソンを比重 1.02 の海水に浮かべて輸送する場合，このケーソンが安定であるか判定せよ．なお，浮体の安定は下式で判定すること．

$$\overline{MG} = \frac{I_y}{V} - \overline{CG}$$

$\left(\overline{MG} > 0：安定，\overline{MG} < 0：不安定\right)$

ここに， $\overline{MG}$：傾心高， I_y：y 軸まわりの断面二次モーメント，V：排水容積，$\overline{CG}$：重心 G と浮心 C の距離である．

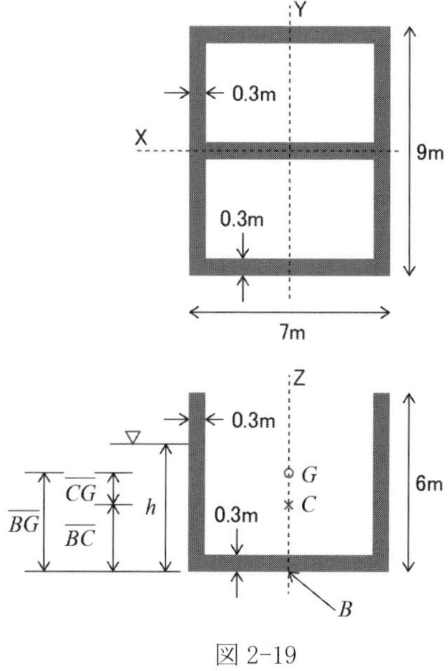

図 2-19

解答[2-19]

物体の重量 W

$W = 23 \times (7 \times 9 \times 6 - 6.4 \times 8.1 \times 5.7) = 1900\ \text{kN}$

浮力 P_Vは喫水を h とすると

$P_V = \rho g V = 1.02 \times 1000 \times 9.8 \times (7 \times 9 \times h) = 630000h\ [\text{N}] = 630h\ [\text{kN}]$

重量 W と浮力 P_Vのつり合い条件 W＝P_Vから喫水 h を求める．

$1900 = 630h$

$h = 3.02\ \text{m}$

ケーソンの底面 B からケーソンの重心 G までの高さを$\overline{BG}$とすると

$$W \times \overline{BG} = 23 \times \left\{7 \times 9 \times 6 \times \frac{6}{2} - 6.4 \times 8.1 \times 5.7 \times \left(0.3 + \frac{5.7}{2}\right)\right\} = 4670 \ \text{kNm}$$

$$\overline{BG} = \frac{4670}{1900} = 2.46 \ \text{m}$$

浮心位置および重心 G と浮心 C の距離 $\overline{CG}$

$$\overline{BC} = \frac{h}{2} = \frac{3.02}{2} = 1.51 \ \text{m}$$

$$\overline{CG} = \overline{BG} - \overline{BC} = 2.46 - 1.51 = 0.95 \ \text{m}$$

ケーソンの y 軸まわりの断面二次モーメント I_y と排水容積 V

$$I_y = \frac{BH^3}{12} = \frac{9 \times 7^3}{12} = 257 \ \text{m}^4$$

$$V = 7 \times 9 \times 3.02 = 190 \ \text{m}^3$$

浮体の安定の検討

$$\overline{MG} = \frac{I_y}{V} - \overline{CG} = \frac{257}{190} - 0.95 = 0.40 \ \text{m} \quad > 0.0$$

以上から，このケーソンは傾いたときの復元力があり，安定といえる．

問題[2-20]

図 2-20 のような矩形の容器について，長さが $L = 3$ m，深さが $h = 1.7$ m，奥行きが 1.5 m の水を入れ，水平方向に α の加速度で動かすと液面の角度が $\theta = 20°$ となった．以下の問いに答えよ．

(1) 容器の加速度 α を求めよ．

(2) 容器の両端の水深 h_1，h_2 を求めよ．

(3) 容器の右下隅 A および左下隅 B における圧力(ゲージ圧)を求めよ．

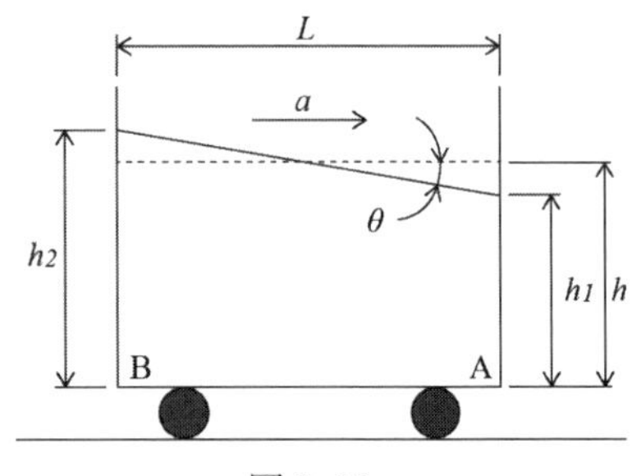

図 2-20

解答[2-20]

(1) 水平面と液面のなす角 θ と加速度 α の関係から，

$$\tan\theta = \frac{\alpha}{g} = \frac{\alpha}{9.8} = \tan 20^\circ \qquad \therefore \alpha = 3.57 \ \ \mathrm{m/s^2}$$

(2) 加速度を作用させる前と後で水の体積に変化はないので，

$$3 \times 1.5 \times 1.7 = 3 \times 1.5 \times \frac{1}{2} \times (h_1 + h_2)$$

$$h_1 + h_2 = 3.4 \ \cdots\cdots\cdots\cdots\cdots\cdots (1)$$

また，液面の角度 θ と容器両端の水深 h_1，h_2 の関係から，

$$\tan 20^\circ = \frac{h_2 - h_1}{L}$$

$$h_2 - h_1 = 3 \cdot \tan 20^\circ \ \cdots\cdots\cdots\cdots\cdots\cdots (2)$$

式(1)，式(2)より，水深 h_1，h_2 が得られる．

$$h_1 = 1.15 \ \ \mathrm{m}, \quad h_2 = 2.25 \ \ \mathrm{m}$$

(3) 右下隅の圧力 p_A は，

$$p_A = \rho g h_1 = 1000 \times 9.8 \times 1.15 = 19.6 \times 10^3 = 11.3 \ \ \mathrm{kPa}$$

左下隅の圧力 p_B は，

$$p_B = \rho g h_2 = 1000 \times 9.8 \times 2.25 = 22.1 \times 10^3 = 22.1 \ \ \mathrm{kPa}$$

問題[2-21]

図 2-21 のような幅 B，断面中央部の曲率半径 R の湾曲河道に，平均流速 U の流れが生じている．次の問いに答えよ．

(1)　内外の水位差 ΔH を算定する式を求めよ．

(2)　$B = 250$ m，$R = 600$ m，$U = 5$m/s のとき，水位差 ΔH がいくらになるか求めよ．

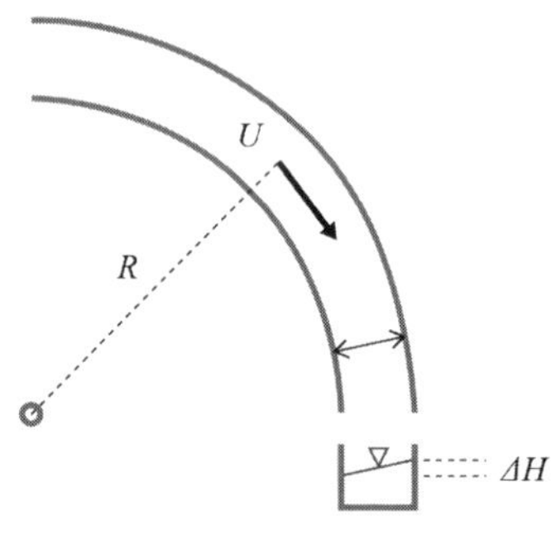

図 2-21

解答[2-21]

(1) 水面に作用する遠心力 F と重量 W の力の釣り合いから，水面の傾きは以下で表される．

$$\tan 20° = \frac{F}{W} = \frac{m\left(\frac{U}{R}\right)^2 R}{mg} = \frac{U^2}{gR}$$

一方，幅 B と ΔH の関係から，

$$\tan\theta = \frac{\Delta H}{B}$$

であるため，両式より次の関係が導かれる．

$$\Delta H = \frac{BU^2}{gR}$$

(2) 問(1)で導出した式に数値を代入する．

$$\Delta H = \frac{BU^2}{gR} = \frac{250 \times 5^2}{9.8 \times 600} = 1.06 \ \text{m}$$

3章　検査体積と連続の式

問題[3-1]

図 3-1 のような流管の入口と出口における質量保存の式を導き，管内の流れが定常流であるときの質量流量の関係を示せ．また，この流れに非圧縮流体であるとの条件が付加された場合の流量の関係を示せ．

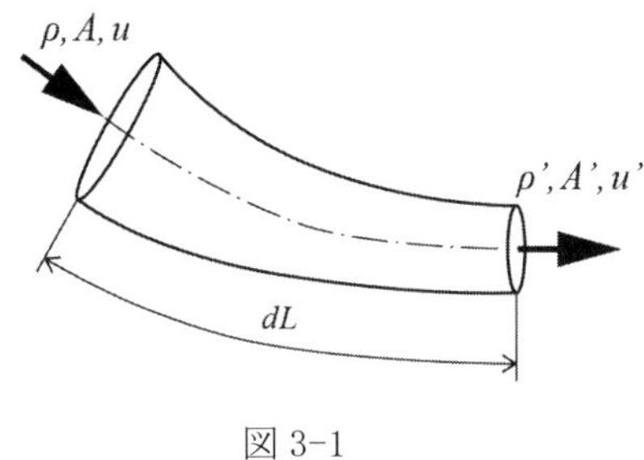

図 3-1

解答[3-1]

時間 dt の間に流管に流入する質量は

$$\rho Audt$$

時間 dt の間に流管から流出する質量は

$$\left\{\rho Au + \frac{\partial(\rho Au)}{\partial L}dL\right\}dt$$

したがって，時間 dt 間に流管に蓄積される質量は

$$\rho Audt - \left\{\rho Au + \frac{\partial(\rho Au)}{\partial L}dL\right\}dt$$

また，時間 dt で変化する質量は

$$\frac{\partial(\rho AdL)}{\partial t}dt$$

であるため，質量保存を考えると，連続の式を導くことができる．

$$\rho Audt - \left\{\rho Au + \frac{\partial(\rho Au)}{\partial L}dL\right\}dt = \frac{\partial(\rho AdL)}{\partial t}dt$$

$$\frac{\partial(\rho AdL)}{\partial t}dt + \frac{\partial(\rho Au)}{\partial L}dLdt = 0$$

$$\frac{\partial(\rho A)}{\partial t}+\frac{\partial(\rho Au)}{\partial L}=0$$

また，定常流である場合には，上式は

$$\frac{\partial(\rho Au)}{\partial L}=0$$

となり，積分することにより，質量流量が算出できる．

$\rho Au = const.$

さらに, 非圧縮流体であるとすると, ρが一定になるため, 体積流量Qは次式となる．

$Au = const. = Q$

問題[3-2]

液体が内径 25 mm の管内を平均速度 4.0 m/s で流れている．流路途中で管断面積が拡大して内径 50 mm になった場合の平均速度を求めよ．ただし，流れは定常非圧縮とする．

解答[3-2]

内径 50 mm における流体の平均速度は，$Q = A_1u_1 = A_2u_2$ より算出できる．

$$u_2=\frac{A_1}{A_2}u_1=\left(\frac{25}{50}\right)^2\times 4.0=1.0\ \ \mathrm{m/s}$$

問題[3-3]

内径 25 mm の管内を密度 860 kg/m^3 の液体が流れている．管路のある断面での平均速度が 8 m/s であるとき，この断面における流体の質量流量を求めよ．

解答[3-3]

流体の体積流量は，連続の式を用いて，次式で算出できる．

$$Q=\mathrm{A}u=\frac{\pi}{4}d^2u=\frac{\pi}{4}(25\times10^{-3})^2\times 8=3.93\times10^{-3}\ \ \mathrm{m^3/s}$$

したがって，質量流量は次式となる．

$\dot{m} = \rho Q = 860 \times 3.93 \times 10^{-3} = 3.38$ kg/s

問題[3-4]

内径 8 mm の管内を密度 930 kg/m³ の液体ナトリウムが流れている．このときの質量流量が 0.5 kg/s である場合，液体ナトリウムの平均速度を求めよ．

解答[3-4]

管路内の液体ナトリウムの体積流量は，$\dot{m} = \rho Q$を用いて，

$Q = \dot{m}/\rho = 0.5/930 = 5.38 \times 10^{-4}\ \ \mathrm{m^3/s}$

となる．平均速度は連続の式を用いることにより算出できる．

$$u = \frac{Q}{A} = \frac{Q}{\frac{\pi}{4}d^2} = \frac{5.38 \times 10^{-4}}{\frac{\pi}{4}(8 \times 10^{-3})^2} = 10.7\ \ \mathrm{m/s}$$

問題[3-5]

質量流量 600 kg/min の水が縮小管を流れている．内径 25 mm の管路と内径 20 mm の管路部分での水の平均速度を求めよ．ただし，流れは非圧縮流であるとし，摩擦による損失はないものとする．また，水の密度は 1000 kg/m³ とする．

解答[3-5]

与えられた質量流量から体積流量を算出できる．

$$Q = \frac{M/\rho}{60} = \frac{600/1000}{60} = 0.01\ \ \mathrm{m^3/s}$$

内径 25 mm の管路部分での平均速度は連続の式を用いることにより算出できる．

$$u_{25} = \frac{Q}{A_{25}} = \frac{0.01}{\frac{\pi}{4}(25 \times 10^{-3})^2} = 20.37\ \ \mathrm{m/s}$$

同様に，内径 20 mm の管路部分での平均速度が算出できる．

$$u_{20} = \frac{Q}{A_{20}} = \frac{0.01}{\frac{\pi}{4}(20 \times 10^{-3})^2} = 31.83 \text{ m/s}$$

問題［3–6］

内径 60 mm，長さ 10 m の円管内を流量 2.5 m^3/min で重油が流れている．重油の比重を 0.86 とし，管内を流れる重油の平均速度と質量流量を求めよ．ただし，流れは非圧縮流であるとし，摩擦による損失はないものとする．

解答［3–6］

連続の式より，$Q = Au = \frac{\pi}{4}d^2 u$

したがって，平均速度は次のように算出できる．

$$u = \frac{Q}{\frac{\pi}{4}d^2} = \frac{2.5/60}{\frac{\pi}{4}(60 \times 10^{-3})^2} = 14.74 \text{ m/s}$$

重油の質量流量は，次のように算出できる．

$$\dot{m} = \rho Q = s\rho_w Q = 0.86 \times 1000 \times \frac{2.5}{60} = 35.83 \text{ kg/s}$$

問題［3–7］

図 3–2 に示すような円管内（① d_1 = 450 mm，② d_2 = 150 mm，③ d_3 = 600 mm）を液体が 1 分間に 24000 L 流れている．断面①，②，③における平均速度を求めよ．また，断面②および③における液体密度が断面①の密度ρ_1に対して$\rho_2 = 0.59\rho_1$，$\rho_3 = 1.16\rho_1$である場合の断面②および③における平均流速を求めよ．

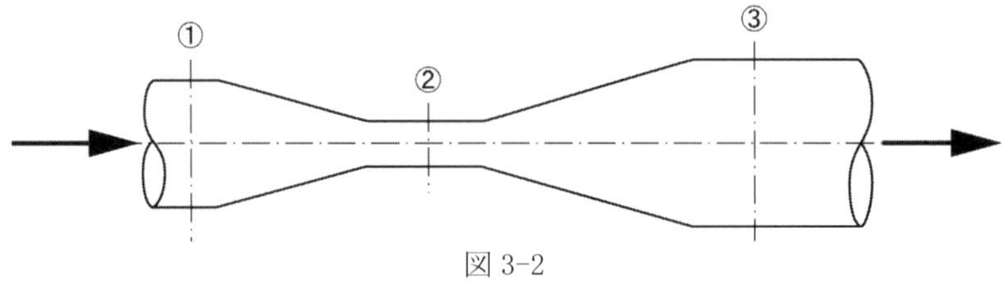

図 3–2

解答[3-7]

流量Qは，$Q = 24000 \times 10^{-3}/60 = 0.4\ \mathrm{m^3/s}$ となる．したがって，各断面における平均速度は次式で算出できる．

断面①の平均速度は，

$$u_1 = \frac{Q}{A_1} = \frac{Q}{\frac{\pi}{4}{d_1}^2} = \frac{0.4}{\frac{\pi}{4}(450 \times 10^{-3})^2} = 2.52\ \mathrm{m/s}$$

断面②の平均速度は，

$$u_2 = \frac{Q}{A_2} = \frac{Q}{\frac{\pi}{4}{d_2}^2} = \frac{0.4}{\frac{\pi}{4}(150 \times 10^{-3})^2} = 22.6\ \mathrm{m/s}$$

断面③の平均速度は，

$$u_3 = \frac{Q}{A_3} = \frac{Q}{\frac{\pi}{4}{d_3}^2} = \frac{0.4}{\frac{\pi}{4}(600 \times 10^{-3})^2} = 1.41\ \mathrm{m/s}$$

また，液体密度が変化した場合には，$\rho_1 Q_1 = \rho_X Q_X \ \rightarrow \ Q_X = (\rho_1/\rho_X)Q_1$となるため，断面②および③の平均速度は次式によって算出できる．

断面②の平均速度は，

$$u_2 = \frac{Q/0.59}{\frac{\pi}{4}{d_2}^2} = \frac{0.4/0.59}{\frac{\pi}{4}(150 \times 10^{-3})^2} = 38.4\ \mathrm{m/s}$$

断面③の平均速度は，

$$u_3 = \frac{Q/1.16}{\frac{\pi}{4}{d_3}^2} = \frac{0.4/1.16}{\frac{\pi}{4}(600 \times 10^{-3})^2} = 1.22\ \mathrm{m/s}$$

問題[3-8]

図 3-3 のように，内径 25 mm の管内①を液体が平均流速 4.1 m/s で流れており，T 字に分岐されている．②および③の管内径がそれぞれ 12 mm，9 mm であり，分岐点において液体が均等に分かれるとした場合，断面②および③の平均速度を求めよ．

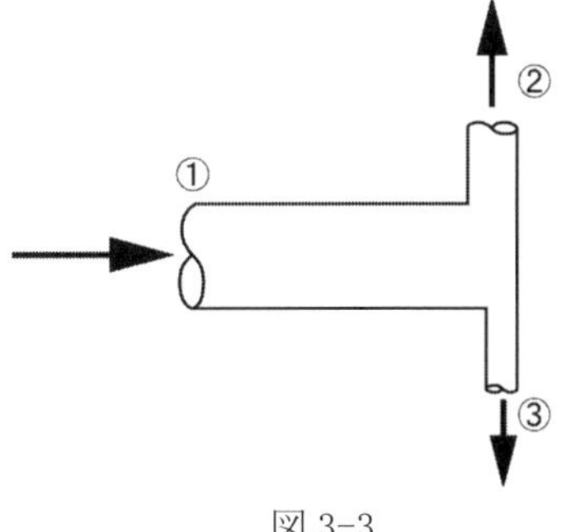

図 3-3

解答[3-8]

分岐点において液体が均等に分かれるから，断面②および③の体積流量は次式となる.

$$Q=\frac{1}{2}Au=\frac{1}{2}\times\frac{\pi}{4}d^2u=\frac{1}{2}\times\frac{\pi}{4}(25\times10^{-3})^2\times4.1=1.01\times10^{-3}\ \ \mathrm{m^3/s}$$

断面②および③の平均速度は連続の式を用いることにより算出できる.

$$u_2=\frac{Q}{\frac{\pi}{4}{d_2}^2}=\frac{1.01\times10^{-3}}{\frac{\pi}{4}(12\times10^{-3})^2}=8.93\ \ \mathrm{m/s}$$

$$u_3=\frac{Q}{\frac{\pi}{4}{d_3}^2}=\frac{1.01\times10^{-3}}{\frac{\pi}{4}(9\times10^{-3})^2}=15.9\ \ \mathrm{m/s}$$

問題[3-9]

図 3-4 に示すマニホールドを流体が定常的に流れている．内径 25 mm の出口部での流速 u_4 を求めよ．ただし，流れは非圧縮流であるとし，摩擦による損失はないものとする.

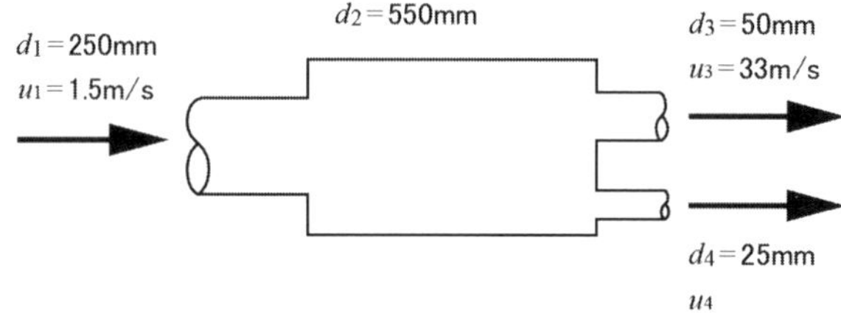

図 3-4

解答[3-9]

流体の密度は変化しない（$\rho_1=\rho_3=\rho_4$）として，流体はセクション 1 からセクション 3，セクション 4 へと流れるため，連続の式として次式が得られる.

$$Q_1=Q_3+Q_4$$

$$A_1u_1=A_3u_3+A_4u_4$$

流路断面積 $A=(\pi/4)d^2$ を代入して，次式を得る.

$$\frac{\pi}{4}{d_1}^2 u_1 = \frac{\pi}{4}\left({d_3}^2 u_3 + {d_4}^2 u_4\right)$$

流速 u_4 は次のように算出できる．

$$u_4 = \frac{\left({d_1}^2 u_1 - {d_3}^2 u_3\right)}{{d_4}^2} = \frac{(250\times10^{-3})^2(1.5)-(50\times10^{-3})^2(33)}{(25\times10^{-3})^2} = 18\ \ \mathrm{m/s}$$

問題［3-10］

非圧縮性流体が内径 100 mm の 2 つの円管をそれぞれ流速 1.5 m/s で流れている．これらの円管が内径 200 mm の円管に接続されている．内径 200 mm の円管内の流速を求めよ．

解答［3-10］

連続の式より，$A_1u_1 + A_2u_2 = A_3u_3$
円管の断面積は管直径の 2 乗に比例するため，

$$\frac{\pi}{4}\left({d_1}^2 u_1 + {d_2}^2 u_2\right) = \frac{\pi}{4}{d_3}^2 u_3$$

流体の速度 u_3 は次のように算出できる．

$$u_3 = \frac{\left({d_1}^2 u_1 + {d_2}^2 u_2\right)}{{d_3}^2} = \frac{(100\times10^{-3})^2(1.5)+(100\times10^{-3})^2(1.5)}{(200\times10^{-3})^2} = 0.75\ \ \mathrm{m/s}$$

問題［3-11］

図 3-5 に示すような注射器（断面積 A_1）を用いて予防接種を行う．このとき，看護師は右から左に向かってピストンを一定速度 u_1 [m/s]で動かすものとする．注射針（断面積 A_2）出口から流出するワクチンの平均速度 u_2 [m/s]を求めよ．ただし，ワクチンの漏れはないものとする．

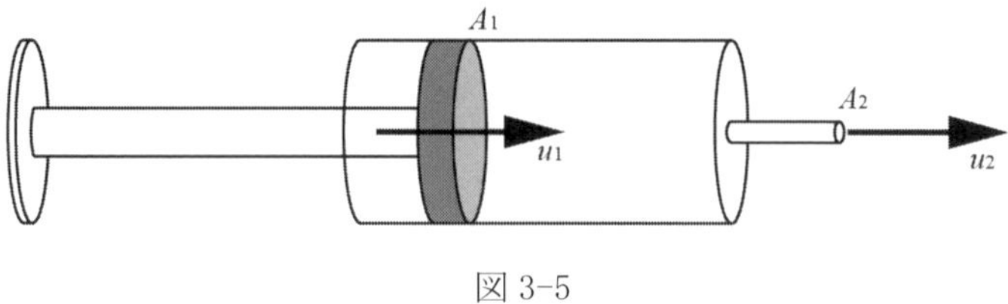

図 3-5

解答[3-11]

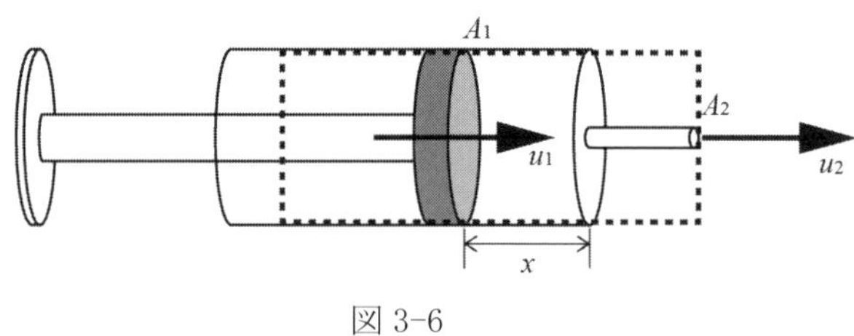

図 3-6

図 3-6 のように，破線で示すように検査体積をとる．連続の式は

$$\frac{\partial}{\partial t}\int_V \rho dV + \int_A \rho u_n dA = 0$$

である．ワクチンの密度を ρ，注射針内のワクチンの質量を m_s とすると

$$\int_V \rho dV = \rho Ax + m_s$$

であるから，第 1 項は次のようになる．

$$\frac{\partial}{\partial t}\int_V \rho dV = \frac{\partial}{\partial t}\int_V (\rho Ax + m_s) = \rho A\frac{\partial x}{\partial t} + \frac{\partial m_s}{\partial t} = -\rho A_1 u_1$$

一方，この検査体積から流出するワクチンの質量流量は$\rho A_2 u_2$であるので，連続の式の第 2 項は次のようになる．

$$\int_A \rho u_n dA = \rho A_2 u_2$$

したがって，連続の式は次のように書き換えることができる．

$$-\rho A_1 u_1 + \rho A_2 u_2 = 0$$

上式より，注射針出口から流出するワクチンの平均速度u_2は次式のように整理できる．

$$u_2 = \frac{A_1}{A_2}u_1$$

問題[3-12]

標準大気圧下で屋外コンプレッサーを用いて，温度20℃の空気が屋内整定用タンクに1分間当たり25 m^{3}流入している．コンプレッサーを介して10 MPa（ゲージ圧）に圧縮され整定用タンクに蓄えられた空気は，温度80℃，平均速度15 m/sでタンクから噴出している．整定用タンクに設けられた出口管の内径を求めよ．

解答[3-12]

コンプレッサーに流入する空気の密度は，気体定数をRとすると，状態式より，

$$\rho_1 = \frac{p_1}{RT_1} = \frac{101.3 \times 10^3}{R(273 + 20)}$$

1秒間当たり流入する空気の質量流量は次式となる．

$$\dot{m}_1 = \rho_1 Q_1 = \frac{101.3 \times 10^3}{R(273 + 20)} \times \left(\frac{25}{60}\right)$$

同様に，整定用タンクから流出する空気密度と質量流量はそれぞれ

$$\rho_2 = \frac{p_2}{RT_2} = \frac{10 \times 10^6 + 101.3 \times 10^3}{R(273 + 80)}$$

$$\dot{m}_2 = \rho_2 Q_2 = \frac{10 \times 10^6 + 101.3 \times 10^3}{R(273 + 80)} \times \left(\frac{\pi}{4}d^2 \times 15\right)$$

である．連続の式より$\dot{m}_1 = \dot{m}_2$が成り立つ．

$$\frac{101.3 \times 10^3}{R(273 + 20)} \times \left(\frac{25}{60}\right) = \frac{10 \times 10^6 + 101.3 \times 10^3}{R(273 + 80)} \times \left(\frac{\pi}{4}d^2 \times 15\right)$$

したがって，整定用タンクに設けられた出口管の内径は次式によって算出できる．

$$d = \sqrt{\frac{\frac{101.3 \times 10^3}{R(273+20)} \times \left(\frac{25}{60}\right)}{\frac{10 \times 10^6 + 101.3 \times 10^3}{R(273+80)} \times \left(\frac{\pi}{4} \times 15\right)}} = 0.0207 \ \ \mathrm{m} = 20.7 \ \ \mathrm{mm}$$

問題[3-13]

図 3-7 に示すように，半径 R の円管内を流れる流体の速度分布が放物線状である場合，円管内の流れの平均速度を最大速度で表せ．ただし，流れは非圧縮流であるとし，摩擦による損失はないものとする．

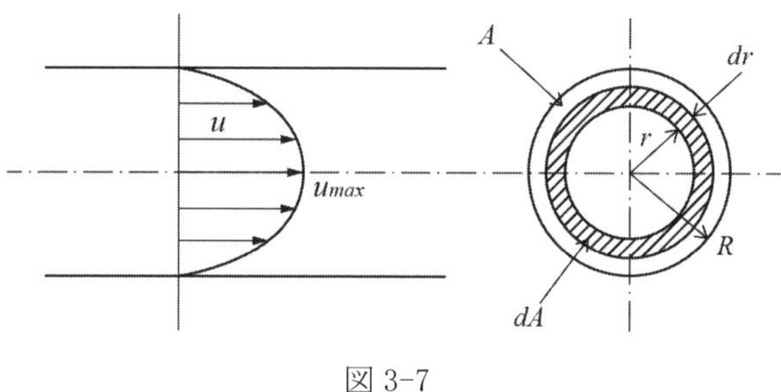

図 3-7

解答[3-13]

速度分布は次のように表される．

$$\frac{u}{u_{max}} = 1 - \left(\frac{r^2}{R^2}\right)$$

ここで，r は円管中心からの半径方向距離，u は任意の半径位置 r での流体の速度である．また，流量は次のように定義される．

$$Q = \int_0^A u dA = \int_0^R u(2\pi r) dr$$

ここで，$dA = (2\pi r)dr$は円管の微小領域面積である．上式を積分して，流量は次のように算出できる．

$$Q = \int_0^R 2\pi u_{max} \left\{1 - \left(\frac{r}{R}\right)^2\right\} r dr = \frac{\pi R^2 u_{max}}{2}$$

平均速度は連続の式を用いることにより算出できる．

$$u=\frac{Q}{A}=\frac{\pi R^2 u_{max}}{2\pi R^2}=\frac{u_{max}}{2}$$

問題[3-14]

図 3-8 のように，内径 150 mm の円管内を流れる液体の速度分布が $u = C\ (R^2 - r^2)$ である（R は円管の内半径，r は管軸から半径方向への距離）．この管内を液体が 1 秒間に 1.5 L 流れているときの C の値を求めよ．ただし，流れは定常非圧縮であるとする．

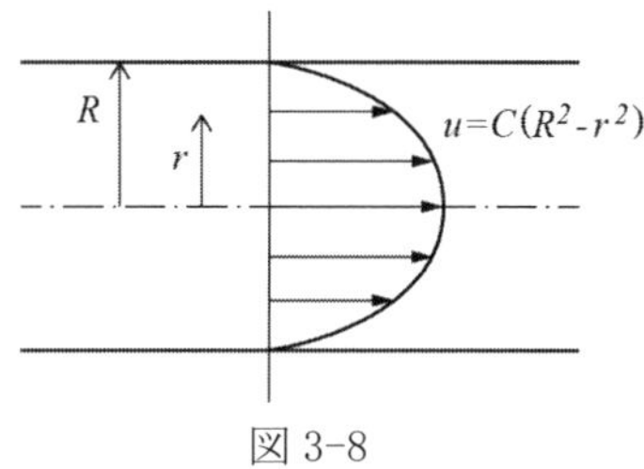

図 3-8

解答[3-14]

図 3-7 と同様に，円管内の断面積の中心から半径 r の位置を考え，微小面積 dA を算出すると，$dA = 2\pi rdr$ となり，この部分を流れる体積流量は

$$dQ = udA = C(R^2 - r^2)2\pi rdr$$

となる．したがって，管内を流れる体積流量 Q は次式となり，

$$Q=\int_0^R C(R^2-r^2)2\pi rdr = 2\pi C\int_0^R (R^2r-r^3)dr = 2\pi C\left[\frac{1}{2}R^2r^2-\frac{1}{4}r^4\right]_0^R$$

$$=2\pi C\left(\frac{1}{2}R^4-\frac{1}{4}R^4\right)=\frac{\pi CR^4}{2}$$

上式を変形することにより，C が算出できる．

$$C=\frac{2Q}{\pi R^4}=\frac{2\times 1.5\times 10^{-3}}{\pi(75\times 10^{-3})^4}=30.2\ \ [1/(\mathrm{ms})]$$

問題[3-15]

図 3-9 のように，高さが 80 mm から 30 mm に狭まっている幅 50 cm の流路を水が流れており，断面①では，次式のような速度分布（最大速度 1.5 m/s）を有している．この流路を流れる流量，断面①および②での平均速度を求めよ．

$$\frac{u}{u_{max}} = 3\frac{h}{h_1}\left(2 - \frac{h}{h_1}\right)$$

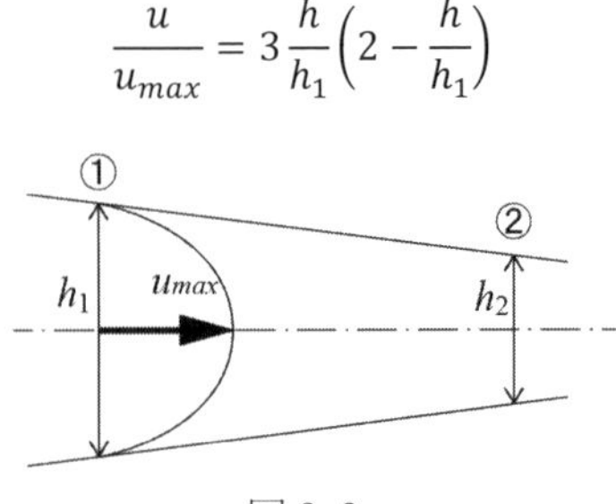

図 3-9

解答[3-15]

$h/h_1 = y$ とおくと，$dh = h_1 dy$

断面①での単位幅あたりに通過する流量は次式で表され，

$$q = \int_0^{h_1} u dh = 3u_{max}h_1 \int_0^1 \{y(2-y)\}dy = 3u_{max}h_1\left[y^2 - \frac{1}{3}y^3\right]_0^1$$

$$= 2u_{max}h_1 = 2 \times 1.5 \times 80 \times 10^{-3} = 0.24 \ \ (\mathrm{m^3/s})\mathrm{m^{-1}}$$

流路の幅を乗じることにより，断面①での流量が算出できる．

$$Q = qW = 0.24 \times 0.5 = 0.12 \ \ \mathrm{m^3/s}$$

また，それぞれの断面における平均流速は，次式で算出できる．

$$u_1 = \frac{q}{h_1} = \frac{0.24}{80 \times 10^{-3}} = 3 \ \ \mathrm{m/s}$$

$$u_2 = \frac{q}{h_2} = \frac{0.24}{30 \times 10^{-3}} = 8 \ \ \mathrm{m/s}$$

問題[3-16]

間隔 h の平行平板間を流体が定常的に流れている．座標原点を下平板面上とし，流れに平行な方向を x 軸，垂直な方向を y 軸とする．位置 $y = h/2$ での最大速度 u_{max} を用いて，任意の位置 y での流体の速度 u を表すと次のようになる．流体の流量と平均速度を求めよ．

$$\frac{u}{u_{max}} = 4\left\{\frac{y}{h} - \left(\frac{y}{h}\right)^2\right\}$$

解答[3-16]

単位幅当たりの流量は，速度分布を y 軸方向に積分して，

$$Q = \int_0^h u dy = \int_0^h 4u_{max}\left\{\frac{y}{h} - \left(\frac{y}{h}\right)^2\right\}dy = 4u_{max}\left[\frac{y^2}{2h} - \frac{y^3}{3h^2}\right]_0^h = \frac{2}{3}u_{max}h$$

平均速度は，流量を流路面積で割ったものであるから，

$$u = \frac{Q}{h} = \frac{2}{3}u_{max}$$

問題[3-17]

中心に排水口を有する円形の洗面台がある．図 3-10 に示すように，水が定常的に排水口に流れ出る．洗面台の中心から半径方向に 4.8 cm の位置における流体の速度および深さがそれぞれ 0.01 m/s，1.5 cm であるとき，洗面台を流れ出る水の速度を求めよ．ただし，排水口の内径を 3.2 cm とする．

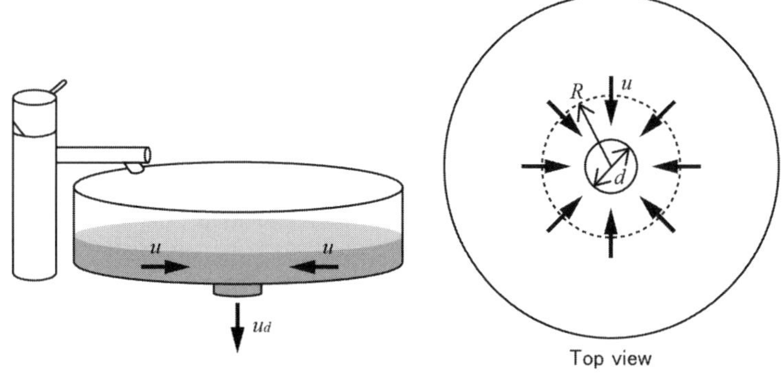

図 3-10

解答[3-17]

図 3-11 に示すように，破線部を検査体積とする．連続の式は，

$$(2\pi Rh)u = \frac{\pi}{4}d^2 u_d$$

したがって，

$$u_d = \frac{2\pi Rhu}{\frac{\pi}{4}d^2} = \frac{2\pi \times 0.048 \times 0.015 \times 0.01}{\frac{\pi}{4}(0.032)^2} = 0.056 \ \ \mathrm{m/s}$$

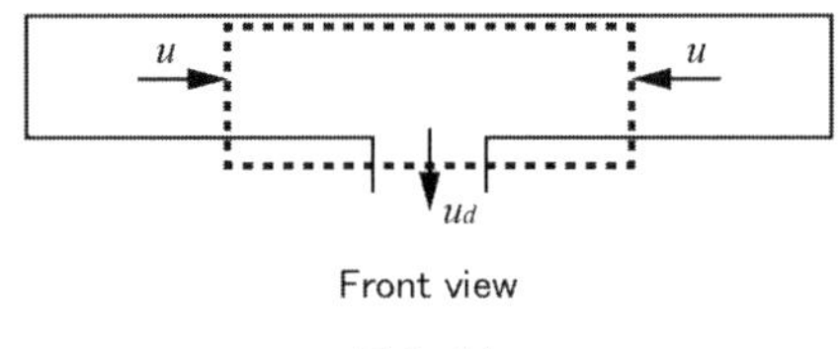

図 3-11

問題[3-18]

図 3-12 に示すように，13 m × 50 m のプールに，給水管から毎分 6 ton の水が流入する．水深の変化割合と 1.5 m まで水（密度 1000 kg/m^3）を入れるのに要する時間を求めよ. なお, プールの底面積に比べて給水管の断面積は非常に小さいものとする．

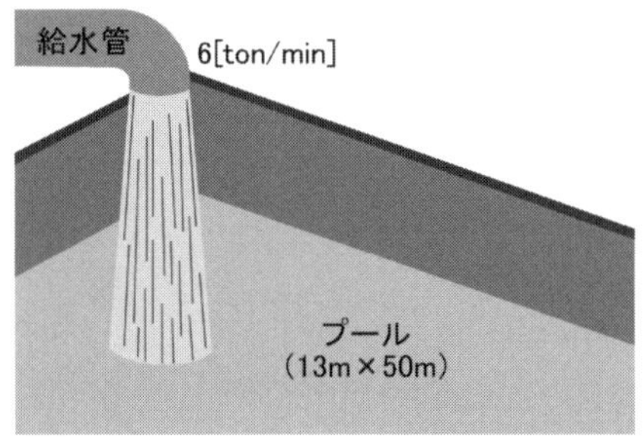

図 3-12

解答[3-18]

プールの底面積 $A_P = 13 \times 50 = 650$ m^2，給水管の断面積 $A_N << A_P$，$h_F = 1.5$ m

給水管からの流入量 Q_1

$$Q_1 = \frac{M/\rho}{60} = \frac{6000/1000}{60} = 0.1 \ \ \mathrm{m^3/s}$$

体積増加は，プールの底面積 A_P と給水管の断面積 A_N から次式となる．

$$\Delta V = A_p \Delta h - A_N \Delta h = \left(A_p - A_N\right)\Delta h$$

また，単位時間当たりでは，

$$\Delta Q = \lim_{\Delta t \to 0} \frac{\Delta V}{\Delta t} = \lim_{\Delta t \to 0} \frac{\left(A_p - A_N\right)\Delta h}{\Delta t} = \left(A_p - A_N\right)\frac{dh}{dt}$$

となる．これが給水管からの流入量に等しくなるので，

$$\left(A_p - A_N\right)\frac{dh}{dt} = Q_1 = A_N u_N$$

したがって，水深の変化割合に関する式は次式で整理できる．

$$\frac{dh}{dt} = \frac{Q_1}{\left(A_p - A_N\right)} \cong \frac{Q_1}{A_p} = \frac{0.1}{13 \times 50} = 1.538 \times 10^{-4} \ \ \mathrm{m^3/s}$$

$$dh = 1.538 \times 10^{-4} dt$$

また，1.5 m になるまでに要する時間は次式となる．

$$\int_0^{1.5} dh = \int_0^t 1.538 \times 10^{-4} dt$$

$$[h]_0^{1.5} = [1.538 \times 10^{-4} t]_0^t$$

$$t = 9752.9 \ \ \mathrm{s} = 2.71 \ \ \mathrm{hours}$$

問題[3-19]

図 3-13 に示すように，断面積 2.5 m^2 のドラム缶に流体（密度 860 kg/m^3）が満たされている．流体が一定流量 1000 L/min で流入し，1500 L/min で流出している．時間に対するドラム缶内の水位の変化割合を求めよ．

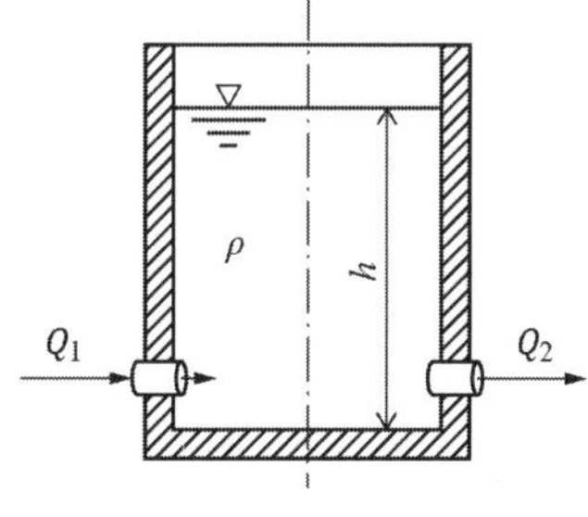

図 3-13

解答[3-19]

流体密度をρ，水位をh，ドラム缶断面積をAとすると，ドラム缶内の流体の質量はρhAとなる．図3-14に示すように，破線部を検査体積とする．連続の式は，

$$\frac{d(\rho hA)}{dt}+(\rho Q_2-\rho Q_1)=0$$

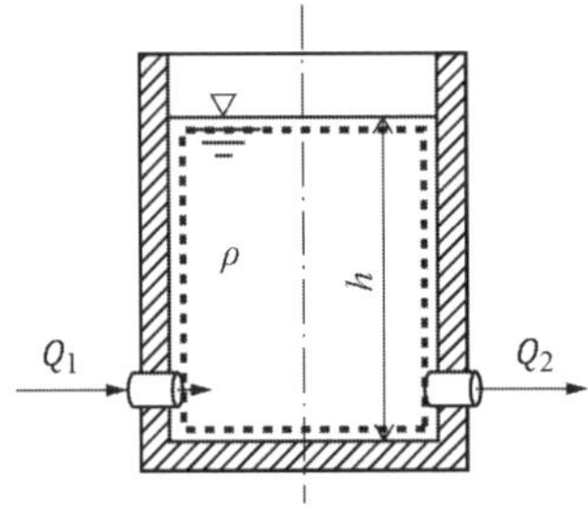

図3-14

流体密度ρと断面積Aは定数なので，次のようになる．

$$\rho A\frac{dh}{dt}=\rho(Q_1-Q_2)$$

したがって，

$$\frac{dh}{dt}=\frac{1}{A}(Q_1-Q_2)=\frac{1}{2.5}(1000-1500)\times10^{-3}=-0.2\ \ \mathrm{m/min}$$

ドラム缶内の水位は1分間に0.2 mの割合で減少する．

問題[3-20]

図3-15に示すように，密度ρ，圧力p，体積Vの液体が入った容器がある．ピストンの移動により液体は，微小時間dtの間に体積がdV減少し，かつ，容器には定常的に質量流量ρQ_1が流入，ρQ_2が流出している．この条件をもとに，圧縮性を考慮した連続の式を導け．

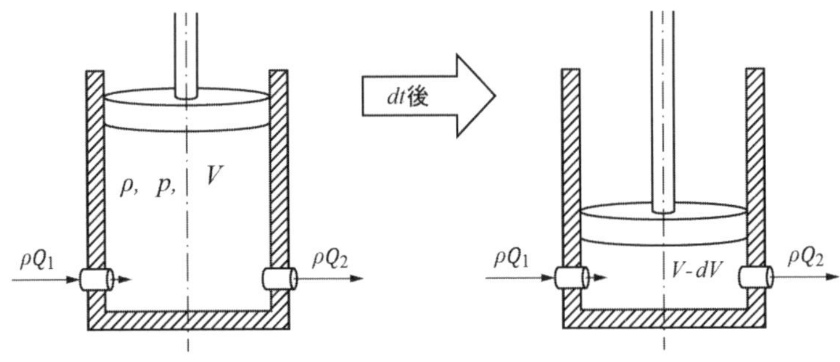

図3-15

解答[3-20]

図 3-16 の破線部内を検査体積とし，流体に対して質量保存則を用いると

$$\frac{d(\rho V)}{dt}+(\rho Q_2-\rho Q_1)=0$$

が得られる．上式を変形すると次式となる．

$$(\rho Q_2-\rho Q_1)=\rho\frac{dV}{dt}+V\frac{d\rho}{dt}$$

上式に，体積弾性係数Kの定義式 $K=\rho\dfrac{dp}{d\rho}$

を用いることにより，圧縮性を考慮した連続の式が次式のように算出できる．

$$(Q_1-Q_2)=\frac{dV}{dt}+\frac{V}{K}\frac{d\rho}{dt}$$

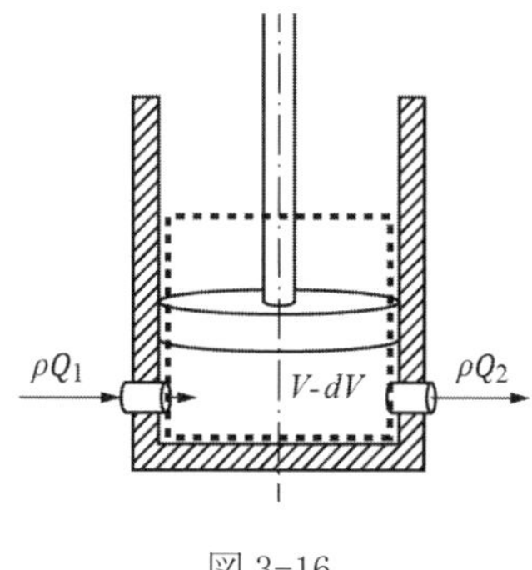

図 3-16

4 章　ベルヌーイの定理

問題[4-1]

下記に示す非圧縮性定常流の「オイラーの運動方程式」から，ベルヌーイの定理を導け．ただし，s は流線に沿う座標である．

$$v\frac{dv}{ds} = -\frac{1}{\rho}\frac{dp}{ds} - g\frac{dz}{ds}$$

解答[4-1]

オイラーの運動方程式の右辺を左辺に移す．

$$v\frac{dv}{ds} + \frac{1}{\rho}\frac{dp}{ds} + g\frac{dz}{ds} = 0$$

s 方向に積分する．

$$\int v\frac{dv}{ds}ds + \int \frac{1}{\rho}\frac{dp}{ds}ds + \int g\frac{dz}{ds}ds = const.$$

$$\int vdv + \int \frac{1}{\rho}dp + \int gdz = const.$$

ρ および g は一定であるから

$$\frac{v^2}{2} + \frac{p}{\rho} + gz = const. \quad [\mathrm{J/kg}]$$

$$\frac{v^2}{2g} + \frac{p}{\rho g} + z = const. \quad [\mathrm{m}]$$

ここで導いたベルヌーイの定理は，水の持つエネルギーを水頭（長さの単位[m]）で各項を示したものである．一方で，圧力[Pa]を基準として表示することもあり，その場合は各項に ρg を掛けて次式のようになる．

$$\frac{\rho v^2}{2} + p + \rho gz = const. \quad [\mathrm{Pa}]$$

問題[4-2]

管路における上流側の点 A と下流側の点 B の 2 点間のベルヌーイの式を示せ. つぎに, その間に損失ヘッド h およびポンプによるヘッド H_P を考慮した場合の 2 点間のベルヌーイの式を示せ.

解答[4-2]

ベルヌーイの定理より, 点 A および点 B における速度・圧力・位置の各ヘッドの総和は一致する.

$$\frac{{v_A}^2}{2g}+\frac{p_A}{\rho g}+z_A=\frac{{v_B}^2}{2g}+\frac{p_B}{\rho g}+z_B$$

さらに損失ヘッド h およびポンプによるヘッド H_P を考慮した場合, つぎのようになる.

$$\frac{{v_A}^2}{2g}+\frac{p_A}{\rho g}+z_A+H_p=\frac{{v_B}^2}{2g}+\frac{p_B}{\rho g}+z_B+h$$

もし, 水車等の外部に仕事をするヘッドがある場合, 損失ヘッドと同じように, 上式の右辺に追加される.

問題[4-3]

長い管路を通して水を流している. 管路の入口側において平均流速 4.5 m/s, 圧力 1.73×10^2 kPa, 高さ 28 m, 出口側において平均流速 7.5 m/s, 圧力 1.23×10^2 kPa, 高さ 4.2 m とすれば, 管路の途中における損失ヘッド h はいくらか.

解答[4-3]

入口側（添字 A）における速度・圧力・位置各ヘッドの総和は, 出口側（添字 B）における速度・圧力・位置各ヘッドの総和に損失ヘッド h を加えたものと一致する.

$$\frac{{v_A}^2}{2g}+\frac{p_A}{\rho g}+z_A=\frac{{v_B}^2}{2g}+\frac{p_B}{\rho g}+z_B+h$$

$$\frac{4.5^2}{2\times 9.8}+\frac{1.73\times 10^5}{1000\times 9.8}+28=\frac{7.5^2}{2\times 9.8}+\frac{1.23\times 10^5}{1000\times 9.8}+4.2+h$$

$h=27.1\ \mathrm{m}$

問題[4-4]

管路内の水の流量を測定するため，鉛直に設置されたベンチュリ管を図 4-1 に示す．AB 間の圧力差を得るためのU字管マノメータの内部には，水銀があり，その示差は h であった．このとき，エネルギー損失はないものとして，水の流量 Q を求めなさい．なお，管路の断面 A および断面 B の断面積をそれぞれ S_A，S_B，水および水銀の密度をそれぞれ ρ_w，ρ_{Hg}，重力加速度を g とする．

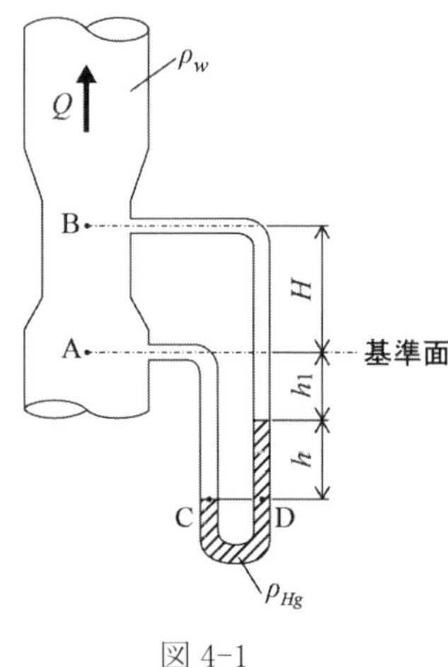

図 4-1

解答[4-4]

基準面（基準位置）を断面 A と仮定し，

断面 A，B 間にベルヌーイの定理を適用すれば，

$$\frac{{v_A}^2}{2g}+\frac{p_A}{\rho_w g}=\frac{{v_B}^2}{2g}+\frac{p_B}{\rho_w g}+H$$

連続の式より，

$$S_A v_A = S_B v_B$$

両式から v_A を消去し，v_B について整理すると，

$$v_B=\frac{1}{\sqrt{1-(S_B/S_A)^2}}\sqrt{2\left(\frac{p_A-p_B}{\rho_w}-gH\right)}$$

マノメータの点 C，D の圧力が等しいとおけば，次式を得る．

$$p_A+\rho_w g(h_1+h)=p_B+\rho_w g(H+h_1)+\rho_{Hg}gh$$

$$\frac{p_A - p_B}{\rho_w} = g(H-h) + \frac{\rho_{Hg}}{\rho_w} gh$$

上式を v_B の式に代入する．

$$v_B = \frac{1}{\sqrt{1-(S_B/S_A)^2}} \sqrt{2\left\{g(H-h) + \frac{\rho_{Hg}}{\rho_w} gh - gH\right\}} = \frac{1}{\sqrt{1-(S_B/S_A)^2}} \sqrt{2gh\left(\frac{\rho_{Hg}}{\rho_w} - 1\right)}$$

よって，流量 Q は次式のよう導出される．なお，断面 A，B 間の高さ H は，計算過程で消去される．

$$Q = S_B v_B = \frac{S_B}{\sqrt{1-(S_B/S_A)^2}} \sqrt{2gh\left(\frac{\rho_{Hg}}{\rho_w} - 1\right)} = \frac{S_A S_B}{\sqrt{{S_A}^2 - {S_B}^2}} \sqrt{2gh\left(\frac{\rho_{Hg}}{\rho_w} - 1\right)}$$

問題[4-5]

前問[4-4]と同様に管路内の水の流量を測定するため, 鉛直に設置されたベンチュリ管を下図に示す. AB 間の圧力差を得るためのU字管マノメータの内部には, 水銀があり，その示差は $h = 100$ mm であった．このとき，エネルギー損失はないものとして, 水の流量 Q を求めなさい．なお，管路の断面 A および断面 B の内径をそれぞれ $d_A = 140$ mm，$d_B = 100$ mm，水および水銀の密度をそれぞれ $\rho_w = 1000$ kg/m^3，　$\rho_{Hg} = 13600$ kg/m^3，重力加速度を $g = 9.8$ m/s^2 とする．

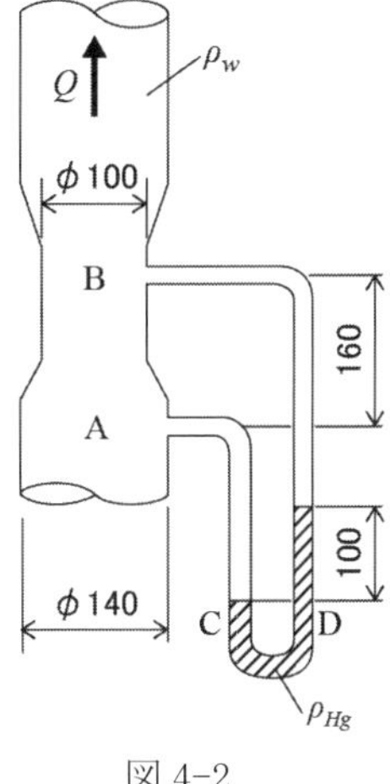

図 4-2

解答[4-5]

前問[4-4]の解答を利用する．

$$Q = \frac{S_A S_B}{\sqrt{{S_A}^2 - {S_B}^2}} \sqrt{2gh\left(\frac{\rho_{Hg}}{\rho_w} - 1\right)} = \frac{\frac{\pi {d_A}^2}{4} \cdot \frac{\pi {d_B}^2}{4}}{\sqrt{\left(\frac{\pi {d_A}^2}{4}\right)^2 - \left(\frac{\pi {d_B}^2}{4}\right)^2}} \sqrt{2gh\left(\frac{\rho_{Hg}}{\rho_w} - 1\right)}$$

$$= \frac{\pi {d_A}^2 {d_B}^2}{4\sqrt{{d_A}^4 - {d_B}^4}} \sqrt{2gh\left(\frac{\rho_{Hg}}{\rho_w} - 1\right)} = \frac{3.14 \times 0.14^2 \times 0.1^2}{4\sqrt{0.14^4 - 0.1^4}} \sqrt{2 \times 0.1 \times 9.8\left(\frac{13600}{1000} - 1\right)}$$

$$= 45.4 \times 10^{-3} \quad \mathrm{m^3/s}$$

問題[4-6]

図 4-3 に示すようにサイフォンを利用してタンク内の水を流出させている．流量 Q および点 A のゲージ圧力 P を求めよ．サイフォンの内径は 5.0 cm，タンク内の水位は一定，エネルギー損失はないものとする．

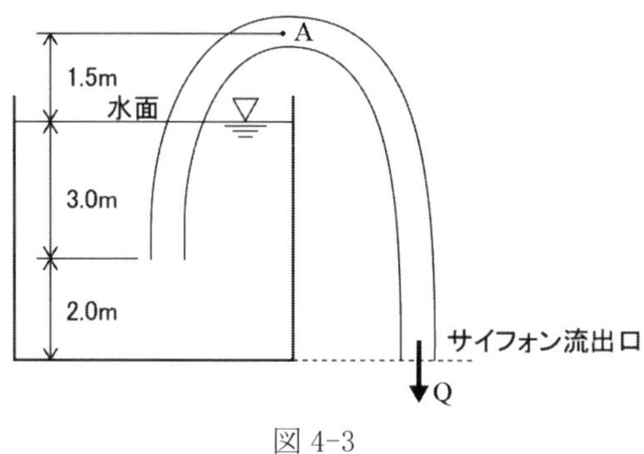

図 4-3

解答[4-6]

水面とサイフォン流出口において，ベルヌーイの定理より次式を得る．ここで，水面およびサイフォン流出口は大気圧 $p_0 = 0$，サイフォンの流出口の流速は v，水面での流速は 0，水の密度は ρ とする．

$$\frac{0^2}{2g} + \frac{p_0}{\rho g} + 5 = \frac{v^2}{2g} + \frac{p_0}{\rho g} + 0$$

$$v = \sqrt{2 \times 9.8 \times 5} = 9.9 \quad \mathrm{m/s}$$

$$Q = 9.9 \times \frac{\pi \times 0.05^2}{4} = 0.0194 \quad \mathrm{m^3/s}$$

点 A とサイフォン流出口において，ベルヌーイの定理より次式を得る．なお，点 A

とサイフォン流出口の流速 v は等しいと仮定する.

$$\frac{v^2}{2g}+\frac{p_A}{\rho g}+6.5=\frac{v^2}{2g}+\frac{p_0}{\rho g}+0$$

$$\frac{p_A}{\rho g}+6.5=\frac{p_0}{\rho g}$$

$$p_A=p_0-6.5\rho g$$

ゲージ圧で求めるとすれば，$p_0=0$ となる.

$$p_A=-6.5\rho g=-6.5\times 1000\times 9.8=-63700\ \ \mathrm{Pa}=-63.7\ \ \mathrm{kPa}$$

問題[4-7]

図 4-4 に示すピトー管で水中の流速を測定したい．このとき，流速 v について，水面からの水位差 H を使用した式で表せ．ただし，エネルギー損失は無視する．また，重力加速度は g とする．さらに，この結果を利用して，水面からの水位差 H が 30 cm のときの流速 v を求めよ．重力加速度は $g=9.8\mathrm{m/s^2}$ とする.

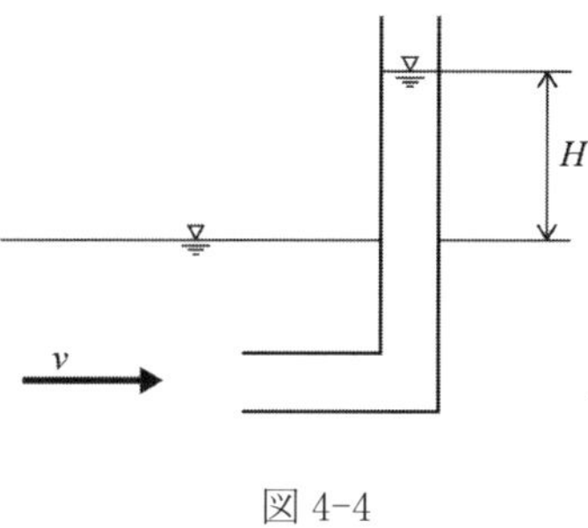

図 4-4

解答[4-7]

図 4-5 に示すように，ピトー管先端より十分離れた上流側（A 点）の流速を v，圧力を p（ゲージ圧）とし，ピトー管先端と水面までの垂直距離を h とすると，A 点と B 点（ピトー管内部の上昇水面）において，ベルヌーイの定理は次式のようになる．なお，水の密度を ρ とする.

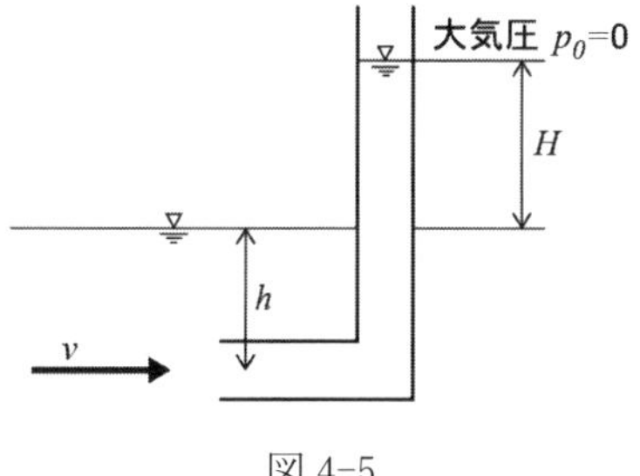

図 4-5

$$\frac{v^2}{2g}+\frac{p}{\rho g}=h+H$$

$$\frac{v^2}{2g}=h+H-\frac{p}{\rho g}$$

$$v^2=2gh+2gH-2\frac{p}{\rho}$$

ここで，$p=\rho gh$となることから，次式を得る．

$$v^2=2gh+2gH-2gh=2gH$$

$$v=\sqrt{2gH}$$

この式に $H=30$ cm および $g=9.8$ m/s^2 を代入すると以下のようになる．

$$v=\sqrt{2gH}=\sqrt{2\times 9.8\times 0.3}=2.42 \quad \mathrm{m/s}$$

問題[4-8]

図 4-6 に示すようにピトー管を水流に沈めたところ，水面からの水位差 H がピトー管の上部を超えてしまい水が噴出した．このときの水の噴出流速 v_{out} を求めよ．なお，水流は $v=3$ m/s，$H=30$ cm，重力加速度は $g=9.8$ m/s^2 とする．ただし，エネルギー損失は無視する．

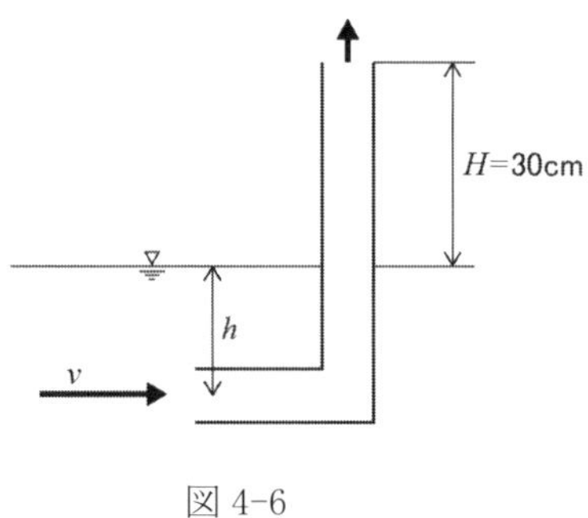

図 4-6

解答[4-8]

ピトー管先端より十分離れた上流側の流速を v，圧力を p（ゲージ圧）とし，ピトー管先端と水面までの垂直距離を h とするとベルヌーイの定理は次式のようになる．なお，水の密度を ρ とする．

$$\frac{v^2}{2g}+\frac{p}{\rho g}=\frac{{v_{out}}^2}{2g}+h+H$$

ここで，$p=\rho gh$となることから，以下の式を得る．

$$\frac{v^2}{2g}+\frac{\rho gh}{\rho g}=\frac{{v_{out}}^2}{2g}+h+H$$

$$\frac{v^2}{2g}=\frac{{v_{out}}^2}{2g}+H$$

$${v_{out}}^2=v^2-2gH$$

$$v_{out}=\sqrt{v^2-2gH}$$

この式に $v = 3$ m/s，$H = 30$ cm，$g = 9.8$ m/s^2 を代入すると次式のようになる．

$$v_{out}=\sqrt{3^2-2\times 9.8\times 0.3}=1.77\ \ \mathrm{m/s}$$

問題[4-9]

図 4-7 に示すように，水深 h のところに中心をもつ円形オリフィスから流量 Q の水を排出したい．オリフィスの直径 d を決定せよ．ただし，流量係数は c とする．

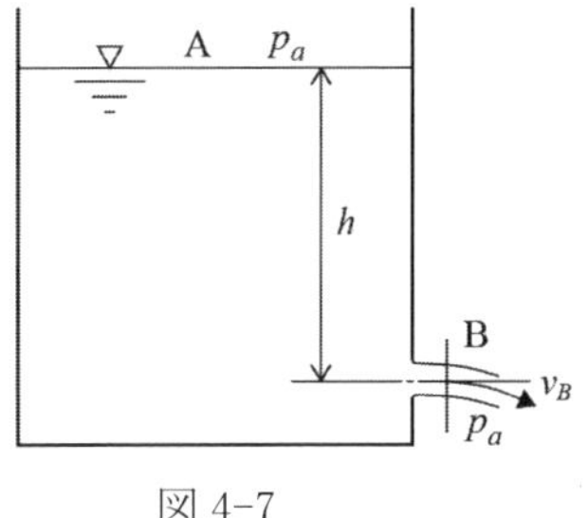

図 4-7

解答[4-9]

水面上を点 A，オリフィス出口を点 B として，ベルヌーイの定理より次式を得る．

$$\frac{{v_A}^2}{2g}+\frac{p_A}{\rho g}+z_A=\frac{{v_B}^2}{2g}+\frac{p_B}{\rho g}+z_B$$

ここで，$v_A=0$，$p_A=p_B=p_a$（大気圧），$z_A=h$（水面），$z_B=0$（排出口） より，

$$h=\frac{{v_B}^2}{2g}$$

$$v_B=\sqrt{2gh}$$

オリフィスの断面積 S は，直径 d より，次式となる．

$$S = \frac{\pi d^2}{4}$$

流量 Q を算出する式は，次のようになる．

$$Q = cSv_B = c\frac{\pi d^2}{4}\sqrt{2gh}$$

これにより，オリフィスの直径 d を決定する次式を得る．

$$d^2 = \frac{4Q}{c\pi\sqrt{2gh}}$$

$$d = \sqrt{\frac{4Q}{c\pi\sqrt{2gh}}}$$

問題［4-10］

鉛直方向に一様な断面積 A をもつ水槽の底面に面積 a のドレイン孔があいている．このとき，水が水深 H の状態から空になるまでの時間 t を求めよ．なお，ドレイン孔の流量係数は c とする．

解答［4-10］

水深 h の流出速度 v は，ベルヌーイの定理から得られるトリチェリの定理より次式で表される

$$v = \sqrt{2gh}$$

微小時間 dt の間に dV だけ流出したとき，水面の低下を $-dh$ とし，下式を得る．

$$dV = ca\sqrt{2gh}dt = -A \cdot dh$$

dt と dh を含む等式をまとめると，以下の微分方程式を得る．

$$dt = -\frac{A \cdot dh}{ca\sqrt{2gh}}$$

この式は様々な容器に対して一般に成立する関係式である．

ここで，時間を 0～t，水深を H～0 に積分する．

$$\int_0^t dt = -\frac{A}{ca\sqrt{2g}}\int_H^0 \frac{1}{\sqrt{h}}dh$$

$$t = \frac{A}{ca\sqrt{2g}}\sqrt{H} = \frac{A}{ca}\sqrt{\frac{2H}{g}}$$

問題[4-11]

図 4-8 に示す半球型の容器の底にあるドレイン孔を通して水が流れるときの水位と時間の関係を求めよ．なお，ドレイン孔の流量係数は c とする．

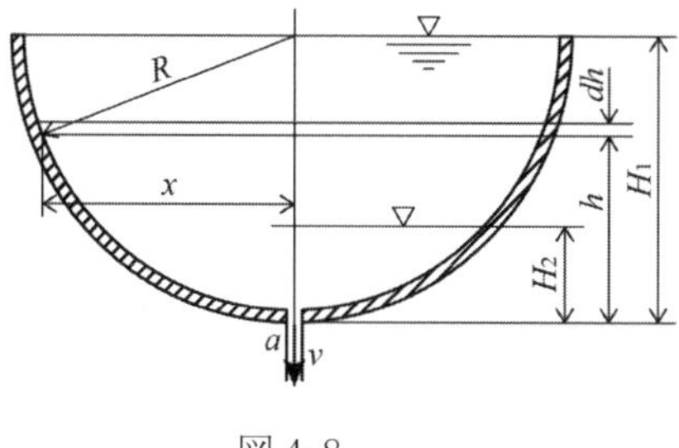

図 4-8

解答[4-11]

図 4-8 のように，ドレイン孔から水面までの高さ（水位）が h のとき，容器の水面の面積を A，断面積 a のドレイン孔からの流出速度を v とする．このとき時間 dt を経過した水位の減少を dh とすれば，ドレイン孔からの流出体積 dV は次式となる．

$$dV = ca\sqrt{2gh}dt = -A \cdot dh$$

$$dt = -\frac{A \cdot dh}{ca\sqrt{2gh}}$$

次に半球容器について考えると，水位 h における水面は半径 x の円となり，面積 A は次式で表せる．

$$A = \pi x^2 = \pi\{R^2 - (R-h)^2\} = \pi h(2R - h)$$

この面積 A を代入する．

$$dt = -\frac{A \cdot dh}{ca\sqrt{2gh}} = -\frac{\pi h(2R-h)dh}{ca\sqrt{2gh}} = -\frac{\pi}{ca\sqrt{2g}}\frac{h(2R-h)}{\sqrt{h}}dh$$

時間を 0～t，水深を H_1～H_2 にて積分する．

$$\int_0^t dt = -\frac{\pi}{ca\sqrt{2g}}\int_{H_1}^{H_2}\frac{h(2R-h)}{\sqrt{h}}dh$$

$$t = -\frac{\pi}{ca\sqrt{2g}}\int_{H_1}^{H_2}\left(2Rh^{\frac{1}{2}} - h^{\frac{3}{2}}\right)dh = -\frac{\pi}{ca\sqrt{2g}}\left[\frac{4}{3}R\left(h^{\frac{3}{2}}\right) - \frac{2}{5}\left(h^{\frac{5}{2}}\right)\right]_{H_1}^{H_2}$$

$$= -\frac{\pi}{ca\sqrt{2g}}\left\{\frac{4}{3}R\left(H_2{}^{\frac{3}{2}} - H_1{}^{\frac{3}{2}}\right) - \frac{2}{5}\left(H_2{}^{\frac{5}{2}} - H_1{}^{\frac{5}{2}}\right)\right\}$$

ここで，満水状態（$H_1 = R$）から空の状態（$H_2 = 0$）になる時間は次式となる．

$$t = -\frac{\pi}{ca\sqrt{2g}}\left\{\frac{4}{3}R\left(0^{\frac{3}{2}} - R^{\frac{3}{2}}\right) - \frac{2}{5}\left(0^{\frac{5}{2}} - R^{\frac{5}{2}}\right)\right\} = -\frac{\pi}{ca\sqrt{2g}}\left\{-\frac{4}{3}R^{\frac{5}{2}} + \frac{2}{5}R^{\frac{5}{2}}\right\} = \frac{14}{15}\frac{\pi R^{\frac{5}{2}}}{ca\sqrt{2g}}$$

問題[4-12]

水槽の底にあるドレイン孔から水を流出させるとき，水位の変化が時間に比例する水槽の形状を求めよ．

解答[4-12]

前問[4-11]の次式を利用する．

$$dt = -\frac{A\cdot dh}{ca\sqrt{2gh}}$$

水位の変化 dh が時間 dt に比例することから，水面の降下速度 $-dh/dt = k$ のように一定とし，代入する．

$$-\frac{dh}{dt} = \frac{ca}{A}\sqrt{2gh}$$

$$k = \frac{ca}{A}\sqrt{2gh}$$

$$A^2 = \left(\frac{ca}{k}\right)^2 2gh$$

ここで定数箇所について $k' = \left(\frac{ca}{k}\right)^2 2g$ とおくと以下の関数が得られる．

$A^2 = k'h$

よって，この関数に従った水平断面形状をもつ水槽となる．もし水槽が回転体であれば，水位 h における半径を r とすれば $A \propto r^2$ であるから，以下の回転体形状を示す関数を得る．

$r^4 \propto h$

問題[4-13]

図 4-9 に示す管壁面形状が正弦曲線で表される円形断面管内を水平に設置し，流量 Q の水が流れている．水の密度は ρ，管内径の最小径は d_1，最大径は d_2，正弦曲線の波長は L とする．図のように x 座標をとり，$0 \leqq x \leqq L$ における管内流速 v を x の関数として表せ．さらに，$0 \leqq x \leqq L$ における管内圧力 p を x の関数として表せ．ただし，$x = 0$ での圧力を p_0 とする．

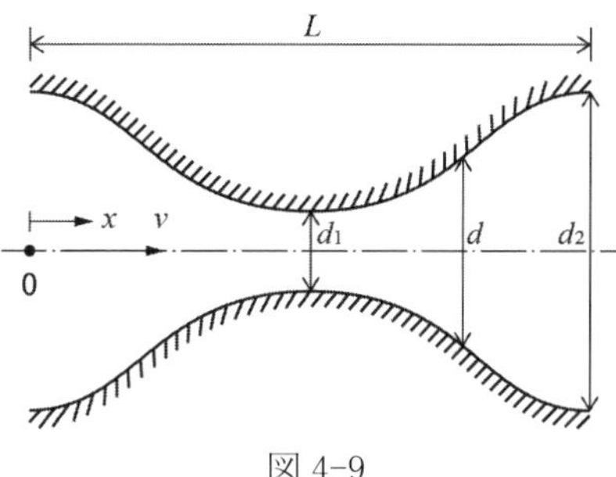

図 4-9

解答[4-13]

管径 d は x に対して次式で表される．この関数の参考図を図 4-10 に示す．

$$d = a\cos\left(\frac{2\pi}{L}x\right) + b$$

ここで，a，b は未定定数であり，次の条件により定まる．

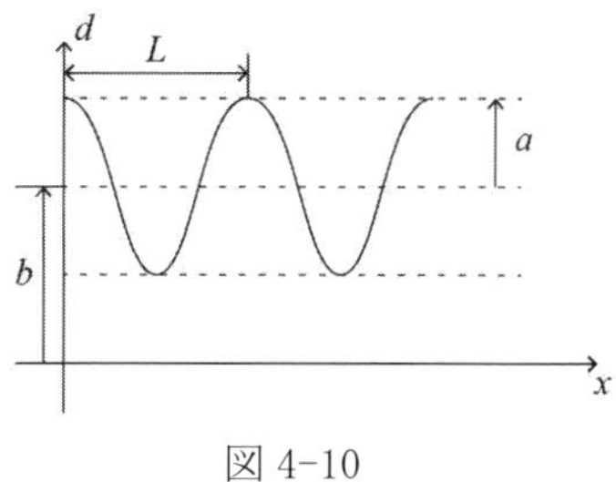

図 4-10

$$x = 0 \ \rightarrow \ d = d_2 \ , \qquad x = \frac{L}{2} \ \rightarrow \ d = d_1$$

これにより，a，b は次のように表せる．

$$d_2 = a + b, \quad d_1 = -a + b$$

$$a = \frac{d_2 - d_1}{2}, \qquad b = \frac{d_2 + d_1}{2}$$

よって，d の x に対する変化は次式となる．

$$d = \frac{d_2 - d_1}{2}\cos\left(\frac{2\pi}{L}x\right) + \frac{d_2 + d_1}{2}$$

流速 v の x に対する変化は $Q = v(\pi d^2/4)$ より下式となる．

$$v = \frac{Q}{\left(\frac{\pi}{4}d^2\right)} = \frac{4Q}{\pi}\frac{1}{d^2} = \frac{4Q}{\pi}\frac{1}{\left\{\frac{d_2 - d_1}{2}\cos\left(\frac{2\pi}{L}x\right) + \frac{d_2 + d_1}{2}\right\}^2}$$

$$= \frac{16Q}{\pi\left\{(d_2 - d_1)\cos\left(\frac{2\pi}{L}x\right) + (d_2 + d_1)\right\}^2}$$

点 0 と中心線上の任意の点 x にベルヌーイの定理を適用すると，次式を得る．

$$\frac{{v_0}^2}{2g} + \frac{p_0}{\rho g} + z_0 = \frac{{v_x}^2}{2g} + \frac{p_x}{\rho g} + z_x$$

ここで，添字 0，x はそれぞれ点 0 と任意の点 x での各物理量を表している．

$z_0 = z_x$，$v_0 = 4Q/(\pi {d_2}^2)$であり，また，v_x は先の解答 v の結果を用いて，管内の圧力変化 p_x は以下のようになる．

$$p_x = p_0 + \frac{\rho}{2}({v_0}^2 - {v_x}^2) = p_0 + \frac{\rho}{2}\left[\frac{16Q^2}{\pi^2 {d_2}^4} - \frac{256Q^2}{\pi^2\left\{(d_2 - d_1)\cos\left(\frac{2\pi}{L}x\right) + (d_2 + d_1)\right\}^4}\right]$$

$$= p_0 + \frac{8\rho Q^2}{\pi^2}\left[\frac{1}{{d_2}^4} - \frac{16}{\left\{(d_2 - d_1)\cos\left(\frac{2\pi}{L}x\right) + (d_2 + d_1)\right\}^4}\right]$$

問題[4-14]

底面にドレイン孔（直径 d）がある円柱タンク（直径 D）に体積流量 Q の水を供給したところ，時間が経過するとタンク内の水位は一定に保たれた．一定に保たれる水位 H を求めよ．

解答[4-14]

タンク水面 A とドレイン部 B でベルヌーイの式を適用することで次式を得る．

$$\frac{{v_A}^2}{2g}+\frac{p_A}{\rho_w g}+H=\frac{{v_B}^2}{2g}+\frac{p_B}{\rho_w g}$$

ここで，タンク水面 A とドレイン部 B とも大気に開放されているため，それぞれの圧力は大気圧 p_{atm} に等しい．

$$p_A=p_B=p_{atm}$$

さらに，タンク水面が一定に保たれているので次式が成り立つ．

$$v_A=0$$

よって，水位 H は次式のようになる．

$$H=\frac{{v_B}^2}{2g}$$

水位一定の下では，供給される体積流量は，ドレイン孔から排出される．連続の式より，以下の式を得る．

$$Q=v_B S_B=v_B\left(\frac{\pi}{4}d^2\right)$$

$$v_B=\frac{4Q}{\pi d^2}$$

すなわち，水位 H は以下のように求まる．

$$H=\frac{{v_B}^2}{2g}=\frac{\left(\frac{4Q}{\pi d^2}\right)^2}{2g}=\frac{8Q^2}{\pi^2 g d^2}$$

（補足）タンク径 D は，水位が一定となる H には寄与しないが，一定となるまでの水位の時間変化 $h(t)$ には影響する．

問題[4-15]

大きなタンク（直径 D）の側壁に小さな穴（直径 d）があり，噴流が生じている．噴流が生じている位置からのタンク内の水位を H とするとき，噴流の軌跡を求めよ．

解答[4-15]

水面 A と噴流部 B でベルヌーイの式を適用すると，次式のようになる．

$$\frac{{v_A}^2}{2g}+\frac{p_A}{\rho_w g}+H=\frac{{v_B}^2}{2g}+\frac{p_B}{\rho_w g}$$

水面 A とドレイン部 B とも大気に開放されているので，以下が成り立つ．

$$p_A=p_B=p_{atm}$$

連続の式より次式を得る．

$$v_A S_A=v_B S_B$$

$$v_A=\frac{S_B}{S_A}v_B=\frac{\frac{\pi}{4}d^2}{\frac{\pi}{4}D^2}v_B=\left(\frac{d}{D}\right)^2 v_B$$

タンク径 D が十分大きいので，以下の近似が成り立つ．

$$\frac{d}{D}\approx 0$$

水面が一定に保たれていることから，次式が得られる．

$$v_A=0$$

すなわち，水位 H は以下のように表すことができる．

$$H=\frac{{v_B}^2}{2g}$$

噴流は，水平方向には等速運動，鉛直方向には自由落下になることから以下の式を得る．

$$x=v_B t$$

$$z=-\frac{1}{2}gt^2$$

両式より，時間 t を消去すれば，噴流の軌跡を示す関数を得ることができる．

$$z = -\frac{1}{2}g\left(\frac{x}{v_B}\right)^2 = -\frac{1}{4H}x^2$$

問題[4-16]

液柱全長 L のU字管液柱振動を考える．時刻 $t=0$ において左右の液面高さの差を $2H$ とし，自由振動させた場合の周期 T を求めよ．

解答[4-16]

オイラーの運動方程式は，次式のように表される．

$$\frac{\partial v}{\partial t} + v\frac{\partial v}{\partial s} = -\frac{1}{\rho}\frac{\partial p}{\partial s} - g\frac{\partial z}{\partial s}$$

ベルヌーイの式は，オイラーの運動方程式を流線に沿って s で積分したものであるので，液面AからBまでに適用すれば，

$$\int_A^B \frac{\partial v}{\partial t}ds + \int_A^B v\frac{\partial v}{\partial s}ds = -\frac{1}{\rho}\int_A^B \frac{\partial p}{\partial s}ds - g\int_A^B \frac{\partial z}{\partial s}ds$$

$$\int_A^B \frac{\partial v}{\partial t}ds + \left(\frac{{v_B}^2}{2} - \frac{{v_A}^2}{2}\right) = -\frac{1}{\rho}(p_B - p_A) - g(z_B - z_A)$$

液面AおよびBは大気に開放されているので，

$$p_A = p_B = p_{atm}$$

U字管の断面積が一定ならば，

$$v_A = v_B$$

静止位置を原点とした座標 z で運動を考えれば，

$$z_B - z_A = 2z$$

液面の速度 v は，

$$v = \frac{dz}{dt} \ \Rightarrow \ \frac{\partial v}{\partial t} = \frac{d^2 z}{dt^2}$$

非定常項は，

$$\int_A^B \frac{\partial v}{\partial t} ds = \int_A^B \frac{d^2 z}{dt^2} ds = \frac{d^2 z}{dt^2} \int_A^B ds = \frac{d^2 z}{dt^2} L$$

U字管液柱の振動方程式は,

$$\frac{d^2 z}{dt^2} + \frac{2g}{L} z = 0$$

上式を解けば,

$$z = C_1 \sin\left[\frac{t}{\sqrt{L/(2g)}}\right] + C_2 \cos\left[\frac{t}{\sqrt{L/(2g)}}\right]$$

自由振動の初期条件（時刻 t=0）は,

$$z = H, \quad v = \frac{dz}{dt} = 0 \quad \Rightarrow \quad C_2 = H, \quad C_1 = 0$$

すなわち，U字管液柱の振動方程式は,

$$z = H \cos\left[\frac{t}{\sqrt{L/(2g)}}\right]$$

周期 T は,

$$T = \sqrt{\frac{L}{2g}}$$

（補足）座標 z の取り扱いに関しては，座標の進行方向に運動するように設定すれば，符号の間違いを防げる．

問題[4-17]

図 4-11 のように切欠き角度が 2θ の倒立三角せきがある．各寸法を図中に示す．せき全体の流量 Q を計算せよ．ただし，水位は H，流量係数は c とする．

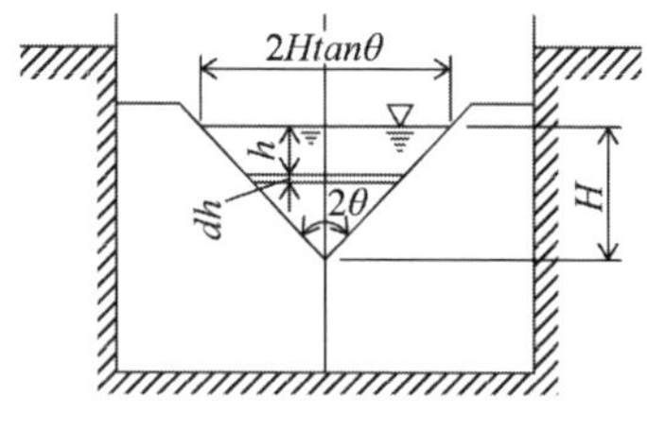

図 4-11

解答[4-17]

図 4-12 を参考に，水面より深さ h のせきの幅$(2L)$は次式で表される．

$$2L = 2(H-h)\tan\theta$$

微小すきま dh の微小面積からの流量 dQ は，

トリチェリの定理により流速 $\sqrt{2gH}$ を利用すれば次式となる．

$$dQ = c\sqrt{2gh}\{2(H-h)\tan\theta\}dh$$

$$= c2\sqrt{2gh}(H-h)(\tan\theta)dh$$

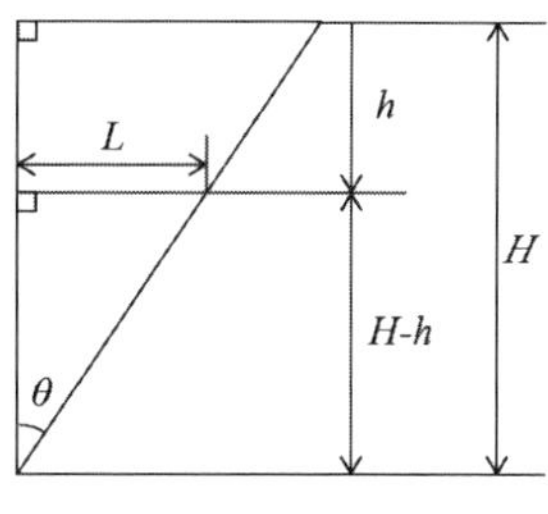

図 4-12

せき全体の流量 Q は，以下のように計算できる．

$$Q = \int dQ = \int c2\sqrt{2gh}(H-h)(\tan\theta)dh = c2\sqrt{2g}\tan\theta\int\sqrt{h}(H-h)dh$$

$$= c2\sqrt{2g}\tan\theta\int_0^H\left(Hh^{\frac{1}{2}} - h^{\frac{3}{2}}\right)dh = c2\sqrt{2g}\tan\theta\left[\frac{2}{3}Hh^{\frac{3}{2}} - \frac{2}{5}h^{\frac{5}{2}}\right]_0^H$$

$$= c2\sqrt{2g}\tan\theta\left(\frac{2}{3}H^{\frac{5}{2}} - \frac{2}{5}H^{\frac{5}{2}}\right) = c2\sqrt{2g}\tan\theta\left(\frac{4}{15}\right)H^{\frac{5}{2}} = c\frac{8\sqrt{2g}}{15}(\tan\theta)H^{\frac{5}{2}}$$

問題[4-18]

前問[4-17]の結果を利用して，流量は Q= 20 l/s の「三角せき」のヘッド H を求めよ．ただし，流量係数 c = 0.55，切欠き角度 θ = 45°とする．

解答[4-18]

前問[4-17]の結果を利用すると，

$$Q = c\frac{8\sqrt{2g}}{15}(\tan\theta)H^{\frac{5}{2}}$$

$$20\times10^{-3} = 0.55\frac{8\sqrt{2\times9.8}}{15}(\tan 45^\circ)H^{\frac{5}{2}}$$

$$H = \left[(20\times10^{-3})/\left\{0.55\frac{8\sqrt{2\times9.8}}{15}(\tan 45^\circ)\right\}\right]^{\frac{2}{5}} = 0.188\ \text{m}$$

5 章　運動量の法則

問題[5-1]

図 5-1 のように，鉛直上向き方向に設置された曲がり管部を密度 ρ の液体が流量 Q で流れている．断面①における圧力を P_1, 断面積を A_1, 断面②における圧力を P_2, 断面積を A_2 とし，それぞれ流速 v_1 および v_2 で流れている．断面①の取付け角を α_1, 断面②の取付け角を α_2 としたとき，この曲がり管部に働く力はいくらか．ただし，曲がり管部の体積を V，曲がり管内の流体の重量を F_m，曲がり管部の重量を F_N とする．

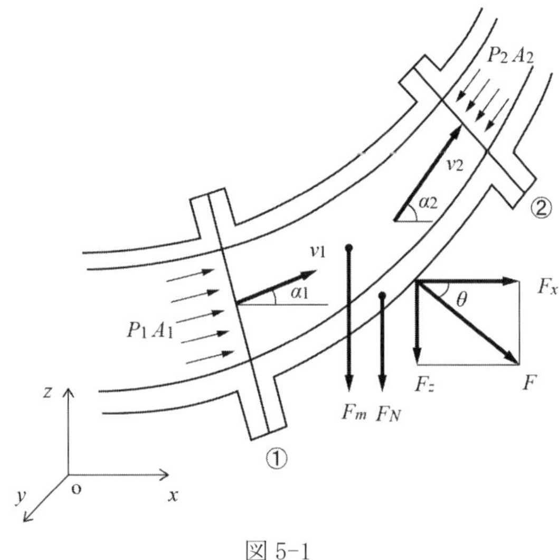

図 5-1

解答[5-1]

x 方向について運動量の変化を求めると

$$\dot{M}_{out,x} - \dot{M}_{in,x} = \rho Q(v_{2x} - v_{1x}) = \rho Q(v_2 \cos\alpha_2 - v_1 \cos\alpha_1)$$

運動量の法則より，x 方向に働く力は

$$\dot{M}_{out,x} - \dot{M}_{in,x} = P_{1x}A_1 - P_{2x}A_2 - F_x$$

（流体が管壁面から受ける力は左向きなので $-F_x$）

$$F_x = P_{1x}A_1 - P_{2x}A_2 + \dot{M}_{in,x} - \dot{M}_{out,x}$$

$$\therefore F_x = P_1A_1\cos\alpha_1 - P_2A_2\cos\alpha_2 + \rho Q(v_1\cos\alpha_1 - v_2\cos\alpha_2)$$

z 方向についても同様に運動量の変化を求めると

$$\dot{M}_{out,z} - \dot{M}_{in,z} = \rho Q(v_{2z} - v_{1z}) = \rho Q(v_2\sin\alpha_2 - v_1\sin\alpha_1)$$

運動量の法則より，z 方向に働く力は

$$\dot{M}_{out,z} - \dot{M}_{in,z} = P_{1z}A_1 - P_{2z}A_2 + F_z - F_m - F_N$$

（流体が管壁面から受ける力は鉛直上向きなので $+F_z$）

$$F_z = P_{2z}A_2 - P_{1z}A_1 + \dot{M}_{out,z} - \dot{M}_{in,z} + F_m + F_N$$

$$\therefore F_x = P_2A_2\cos\alpha_2 - P_1A_1\cos\alpha_1 + \rho Q(v_2\cos\alpha_2 - v_1\cos\alpha_1) + \rho gV + F_N$$

合力およびその方向は

$$F = \sqrt{{F_x}^2 + {F_z}^2}\ ,\qquad \theta = \tan^{-1}\frac{F_z}{F_x}$$

問題[5-2]

図 5-2 のように，二股に分かれたノズルから水が噴出している．ノズルは水平面に設置されており，２つのノズルから噴出される水の速度は共に $v_2 = v_3 = 12.0$ m/s であるとき，以下の問いに答えよ．

(1) ノズルに作用する力の大きさとその方向を求めよ．

(2) ノズルに作用する力を流入パイプの軸方向と一致させるには，直径 D_3 = 70 mm のノズルの取付け角度 α_3 を何度にすればよいか．

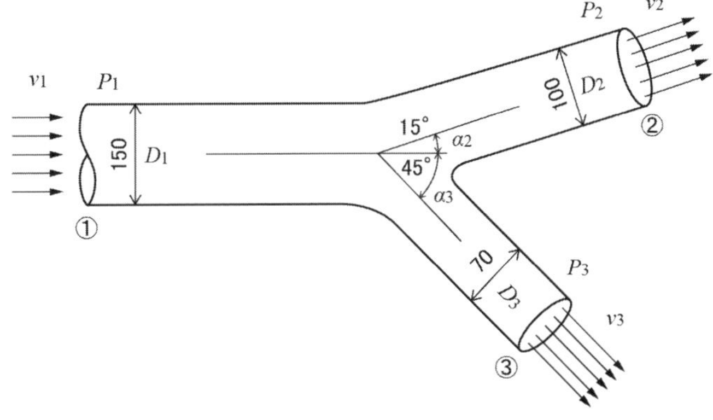

図 5-2

解答[5-2]

(1)連続の式より v_1 を求めると

$$A_1 v_1 = A_2 v_2 + A_3 v_3$$

$$v_1 = \frac{1}{A_1}(A_2 v_2 + A_3 v_3) = \frac{1}{{D_1}^2}\left({D_2}^2 + {D_3}^2\right)v = \frac{1}{0.15^2}(0.1^2 + 0.07^2) \times 12.0 = 7.95 \ \text{m/s}$$

各断面の流量を求めると

$$Q_1 = A_1 v_1 = \frac{\pi {D_1}^2}{4} v_1 = \frac{\pi}{4} \times 0.15^2 \times 7.95 = 0.140 \ \text{m}^3/\text{s}$$

$$Q_2 = A_2 v_2 = \frac{\pi {D_2}^2}{4} v_2 = \frac{\pi}{4} \times 0.10^2 \times 12.0 = 0.094 \ \text{m}^3/\text{s}$$

$$Q_3 = A_3 v_3 = \frac{\pi {D_3}^2}{4} v_3 = \frac{\pi}{4} \times 0.07^2 \times 12.0 = 0.046 \ \text{m}^3/\text{s}$$

ベルヌーイの定理より，断面①の圧力 P_1 を求めると

$$P_1 + \frac{\rho {v_1}^2}{2} = P_2 + \frac{\rho {v_2}^2}{2}$$

$$P_1 = \frac{\rho}{2}({v_2}^2 - {v_1}^2) = \frac{10^3}{2}(12.0^2 - 7.95^2) = 40.4 \ \text{kPa}$$

運動量方程式より，流体が壁面に及ぼす力 F_x および F_y は

$$F_x = -F_{0x} + P_{1x}A_1 - (P_{2x}A_2 + P_{3x}A_3) = (\rho Q_2 v_{2x} + \rho Q_3 v_{3x}) - \rho Q_1 v_{1x}$$

$$F_y = -F_{0y} + P_{1y}A_1 - \left(P_{2y}A_2 + P_{3y}A_3\right) = \left(\rho Q_2 v_{2y} + \rho Q_3 v_{3y}\right) - \rho Q_1 v_{1y}$$

よって，管壁面に流体が作用する力は

$$F_{0x} = \rho Q_1 v_1 - (\rho Q_2 v_2 \cos\alpha_2 + \rho Q_3 v_3 \cos\alpha_3) + P_{1x}A_1$$

$$= 10^3 \times 0.140 \times 7.95$$

$$-(10^3 \times 0.094 \times 12 \times \cos 15° + 10^3 \times 0.046 \times 12 \times \cos 45°)$$

$$+40.4 \times 10^3 \times \frac{\pi}{4} 0.15^2$$

$= 346$ N（右向き）

$$F_{0y} = -(\rho Q_2 v_2 \sin\alpha_2 - \rho Q_3 v_3 \sin\alpha_3)$$

$$= -10^3 \times 0.094 \times 12 \times \sin 15° + 10^3 \times 0.046 \times 12 \times \sin 45°$$

$$= 99 \text{ N}$$（上向き）

したがって，合力およびその方向は

$$F_0 = \sqrt{{F_{0x}}^2 + {F_{0y}}^2} = 360 \text{ N} , \qquad \theta = \tan^{-1} \frac{F_{0x}}{F_{0y}} = 16°$$

(2) ノズルに作用する力を流入パイプの軸方向と一致させるには

$$F_{0y} = -(\rho Q_2 v_2 \sin \alpha_2 - \rho Q_3 v_3 \sin \alpha_3) = 0$$

$$\sin \alpha_3 = \frac{Q_2}{Q_3} \sin \alpha_2 = \frac{0.094}{0.046} \times \sin 15°$$

$$\alpha_3 = 30.26°$$

問題[5-3]

図 5-3 のように，幅 B の水平な二次元流路の中央に静止した物体が設置されており，流路には密度 ρ の非圧縮性流体が定常状態で流れている．物体の上流の断面①において，流体は水平方向に速さ U で一様に流れており，圧力は P_1 で一定であるとする．また，物体の下流の断面②における流体の速度分布は，流路壁面からの距離が $B/4$ までの領域で水平方向に V で一様であり，流路壁面からの距離が $B/4$ の位置から直線的に減少し，流路中央で 0 となる対象な分布となっている．このとき，以下の問いに答えよ．

(1) U を用いて速度 V を表せ．

(2) 流路の奥行き方向（紙面に垂直方向）単位幅あたりについて，単位時間に断面①から流入する運動量と，断面②から流出する運動量をそれぞれ求めよ．

(3) 断面②における圧力を一様として，物体の単位長さあたりに働く抗力を求めよ．

(4) 密度 $\rho = 1.2 \text{ kg/m}^3$ の空気が速度 $U = 30 \text{ m/s}$ で流入し，断面①における圧力 $P_1 = 1.5 \text{ kPa}$，断面②における圧力 $P_2 = 0.5 \text{ kPa}$ のとき，物体に働く抗力はいくらか．ただし，流路の幅は $B = 1 \text{ m}$ とする．

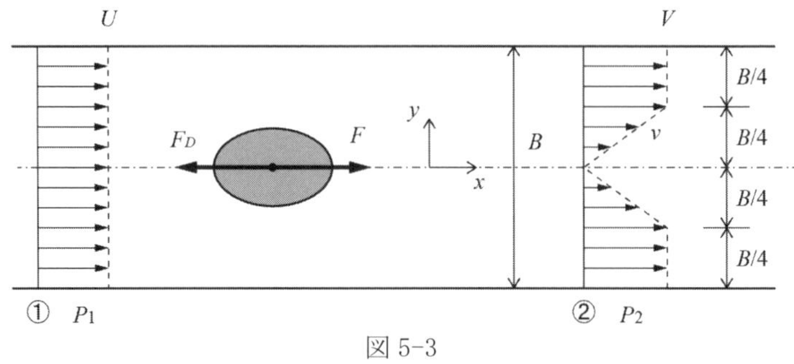

図 5-3

解答[5-3]

(1)断面②における流速 v は,

$$v_1 = \frac{4}{B}V \cdot y \quad \left(0 < y < \frac{B}{4}\right) \ , v_2 = V \quad \left(\frac{B}{4} < y < \frac{B}{2}\right)$$

連続の式より

$$Q_{in} = UB$$

$$Q_{out} = 2\int_0^{\frac{B}{4}} v_1 dy + 2\int_{\frac{B}{4}}^{\frac{B}{2}} v_2 dy = 2\int_0^{\frac{B}{4}} \frac{4}{B}V \cdot y dy + 2\int_{\frac{B}{4}}^{\frac{B}{2}} V dy$$

$$= 2\frac{4}{B}V\left[\frac{y^2}{2}\right]_0^{\frac{B}{4}} + 2V\frac{B}{4} = \frac{V}{4}B + \frac{V}{2}B = \frac{3}{4}VB$$

よって，$Q_{in} = Q_{out}$ より

$$V = \frac{4}{3}U$$

(2)断面①から流入する運動量は

$$\dot{M}_{in} = \rho Q_{in} U = \rho U^2 B$$

断面②から流出する運動量は

$$\dot{M}_{out} = 2\rho\int_0^{\frac{B}{4}} v_1 dy \cdot v_1 + 2\rho\int_{\frac{B}{4}}^{\frac{B}{2}} v_2 dy \cdot v_2 = 2\rho\int_0^{\frac{B}{4}} \left(\frac{4}{B}V \cdot y\right)^2 dy + 2\rho\int_{\frac{B}{4}}^{\frac{B}{2}} V^2 dy$$

$$= 2\rho\frac{4^2}{B^2}V^2\left[\frac{y^3}{3}\right]_0^{\frac{B}{4}} + 2\rho V^2\frac{B}{4} = \frac{1}{6}\rho V^2 B + \frac{1}{2}\rho V^2 B = \frac{2}{3}\rho V^2 B = \frac{32}{27}\rho U^2 B$$

(3) 運動量方程式より

$$\dot{M}_{out} - \dot{M}_{in} = (P_1 - P_2)B + F$$

よって，物体に働く抵抗 F_D は

$$F_D = -F = \dot{M}_{in} - \dot{M}_{out} + (P_1 - P_2)B = -\frac{5}{27}\rho U^2 B + (P_1 - P_2)B$$

(4) 上記で求めた式に値を代入すると

$$F_D = -\frac{5}{27} \times 1.2 \times 30^2 \times 1 + (1.5 - 0.5) \times 10^3 \times 1 = 800\ \text{N}$$

問題[5-4]

図 5-4 のように，非圧縮性流体が水平に置かれた直管に流入している．断面①においては一様流れで，断面②においては

$$u(r) = U_0\left(1 - \frac{r}{R}\right)^m$$

の速度分布を有する乱流となっている（代表的な乱流の速度分布は $m = 1/7$）．①～②間の円管内の壁面に作用する摩擦抵抗力 F_τ を P_1, P_2, ρ, U, R で表せ．

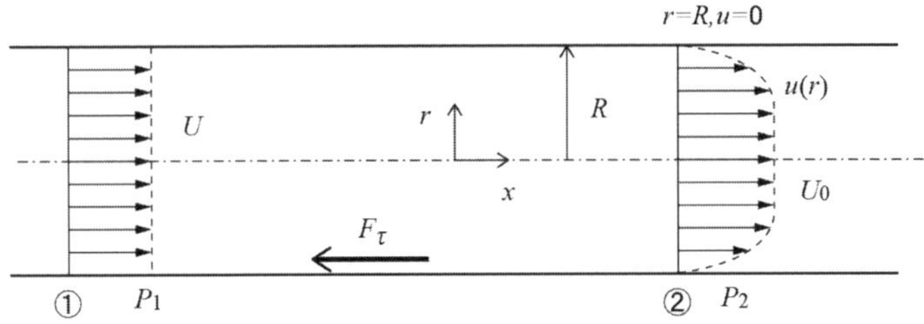

図 5-4

解答[5-4]

①～②の検査面で流入する運動量は

$\dot{M}_{in} = \rho Q U = \rho \pi R^2 U^2$

流出する運動量は

$$\dot{M}_{out} = \rho Q u(r) = \int_0^R \rho {U_0}^2 \left(1 - \frac{r}{R}\right)^{2m} 2\pi r dr = 2\rho\pi R^2 {U_0}^2 \int_0^R \left(1 - \frac{r}{R}\right)^{2m} \frac{r}{R} d\left(\frac{r}{R}\right)$$

ここで，$\lambda = r/R$とおいて積分を計算すると

$$\int_0^1 (1-\lambda)^{2m} \lambda \, d\lambda = \int_0^1 (1-\lambda)^{2m} (1 - \lambda - 1) \, d\lambda = \int_0^1 (1-\lambda)^{2m+1} d\lambda - \int_0^1 (1-\lambda)^{2m} \, d\lambda$$

$$= \left[\frac{(1-\lambda)^{2m+2}}{2m+2}\right]_0^1 - \left[\frac{(1-\lambda)^{2m+1}}{2m+1}\right]_0^1 = -\frac{1^{2m+2}}{2m+2} + \frac{1^{2m+1}}{2m+1}$$

$$= \frac{1}{(2m+1)(2m+2)}$$

したがって，

$$\dot{M}_{out} = 2\rho\pi R^2 {U_0}^2 \frac{1}{(2m+1)(2m+2)}$$

運動量方程式より，$\dot{M}_{out} - \dot{M}_{in} = (P_1 - P_2)\pi R^2 - F_\tau$

よって，摩擦抵抗力 F_τは

$$F_\tau = (P_1 - P_2)\pi R^2 - \left\{2\rho\pi R^2 {U_0}^2 \frac{1}{(2m+1)(2m+2)} - \rho\pi R^2 U^2\right\}$$

$$= (P_1 - P_2)\pi R^2 - \rho\pi R^2 \left\{\frac{2{U_0}^2}{(2m+1)(2m+2)} - U^2\right\}$$

さらに，

$$U = \frac{1}{A}\int u \, dA = \frac{1}{\pi R^2}\int_0^R U_0 \left(1 - \frac{r}{R}\right)^m 2\pi r \, dr = \frac{2U_0}{(m+1)(m+2)}$$

であるから，

$$F_\tau = (P_1 - P_2)\pi R^2 - \rho\pi R^2 U^2 \left\{\frac{(m+1)^2(m+2)^2}{2(2m+1)(2m+2)} - 1\right\}$$

問題[5-5]

図 5-5 のように，直径 d の円形ノズルから温度 t の水の噴流が速度 v で噴出している．この噴流が大気中に置かれた垂直な固定平板に衝突するときの噴流が平板に及ぼす力 F を求めよ．ここで，ノズル直径 $d = 3$ cm，噴流の速度 $v = 20$ m/s，水の温度 $t = 20$℃であり，衝突前後の流れの損失はないものとする．

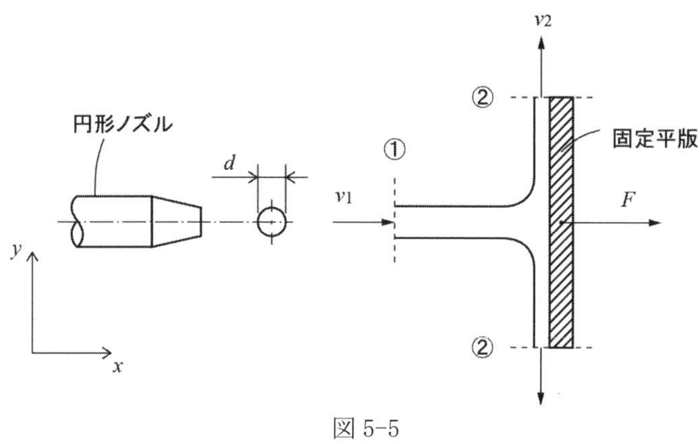

図 5-5

解答[5-5]

大気中で自由噴流が垂直な固定平板に衝突する流れ場では，自由噴流内部の圧力は外部の圧力と等しい．また，衝突前後の流れのエネルギー損失がないので，ベルヌーイの定理より衝突前後の速度は等しく，$v_1 = v_2 = v$ である．さらに，図中の検査面②から x 方向に流出する運動量は 0 で，検査面①から流入する運動量は $\rho Q v$ である．したがって，噴流が平板に与える力 F は運動量の法則より，$-F = 0 - \rho Q v$ で表される．また，連続の式より体積流量 Q は次式となる．

$$Q = vA = v\frac{\pi}{4}d^2$$

さらに，温度 t = 20℃の標準気圧中での水の密度は ρ = 998.2 kg/m^3 である．以上より，噴流が平板に及ぼす力 F は

$$F = \rho v^2 \frac{\pi}{4} d^2 = 998.2 \times 20^2 \times \frac{\pi}{4} \times 0.03^2 = 282\ \text{N}$$

問題[5-6]

図 5-6 のような直径 d の円形ノズルから体積流量 Q で噴出する水噴流が，噴流と同一方向に速度 u で移動する垂直な固定平板に衝突しているとき，噴流が平板に及ぼす力 F と動力 P を求めよ．ここで，ノズル直径 $d = 40$ mm，噴流の体積流量 $Q = 40$ L/s，平板の移動速度 $u = 15$ m/s である．

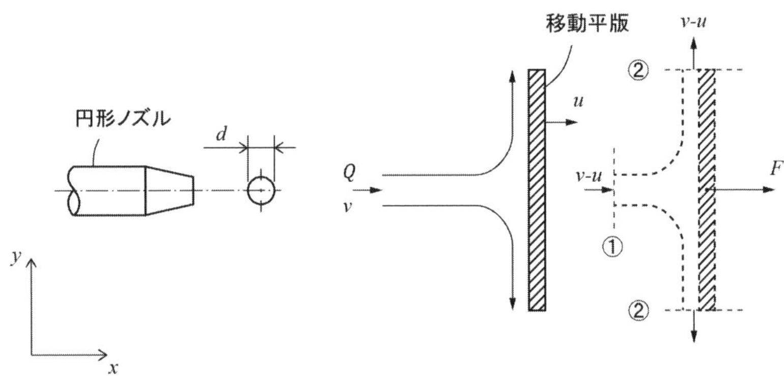

図 5-6

解答[5-6]

図 5-6 のように，移動平板に検査面を取ると，検査面に流入する速度は，相対速度 $v-u$ となる．また，検査面に流入する体積流量 Q' は次式のようになる．

$$Q' = (v-u)\frac{\pi}{4}d^2$$

検査面②から x 方向に流出する運動量は 0，検査面①から流入する運動量は $\rho Q'(v-u)$であるので，噴流が平板に及ぼす力は

$$-F = 0 - \rho Q'(v-u)$$

で表される．以上より，噴流と同一方向に速度 u で移動する平板の受ける力 F は

$$F = \rho(v-u)^2\frac{\pi}{4}d^2$$

となる．ここで，噴流の速度 v は連続の式より

$$v = \frac{4Q}{\pi d^2} = \frac{4 \times (40 \times 10^{-3})}{\pi \times 0.04^2} = 31.8 \ \ \mathrm{m/s}$$

となる．よって，噴流が平板に及ぼす力 F は

$$F = \rho(v-u)^2 \frac{\pi}{4} d^2 = 1000 \times (31.8 - 15)^2 \times \frac{\pi}{4} \times 0.04^2 = 354.7 \ \ \mathrm{N}$$

さらに，平板に与える動力 P は

$$P = Fu = 354.7 \times 15 = 5.32 \ \ \mathrm{kW}$$

問題[5-7]

図 5-7 のように，直径 d のノズルから体積流量 Q の水の噴流が噴出し，水平面から角度 α 傾いた平板の重心に衝突して，平板の端から流出しているときに以下の問いに答えよ．ここで，ノズル直径 $d = 50$ mm，体積流量 $Q = 30$ L/s，角度 $\alpha = 40°$ とし，衝突前後の流れの損失はないものとする．

(1) 噴流が平板に及ぼす垂直方向の力 F を求めよ．

(2) 平板端①，②から流出する流量 Q_1，Q_2 を求めよ．

(3) 平板が端部②を支点として回転する場合に，平板を動かさないために必要な端部①の力 P を求めよ．ただし，平板の長さは L とする．

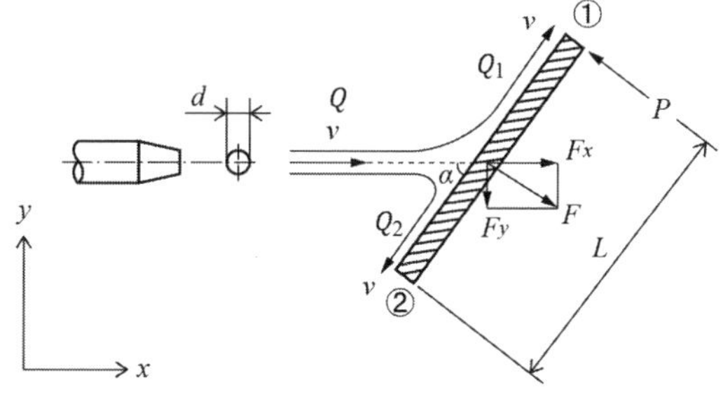

図 5-7

解答[5-7]

(1) 平板面に垂直な方向の運動量変化より

$-F = 0 - \rho Q v \sin\alpha$

よって，噴流が平板に及ぼす垂直方向の力 F は

$F = \rho Q v \sin\alpha$

となる．ここで，噴流の速度 v は連続の式より

$$v = \frac{4Q}{\pi d^2} = \frac{4 \times 30 \times 10^{-3}}{\pi \times 0.05^2} = 15.3 \ \ \mathrm{m/s}$$

である．よって，噴流が平板に及ぼす垂直方向の力 F は

$F = \rho Q v \sin\alpha = 1000 \times 30 \times 10^{-3} \times 15.3 \times \sin 40 = 295 \ \ \mathrm{N}$

(2) 平板に平行な方向の運動量の法則より

$0 = (\rho Q_1 v_1 - \rho Q_2 v_2) - \rho Q v \cos\alpha$

ここで，エネルギー損失がないので，ベルヌーイの定理より衝突前後の速度は変わらず，$v = v_1 = v_2$ となり，上式は

$Q \cos\alpha = Q_1 - Q_2$

で表される．また，連続の式より

$Q = Q_1 + Q_2$

であるから，平板の端部①，②から流出する流量 Q_1，Q_2 は

$$Q_1 = \frac{1 + \cos\alpha}{2} Q = \frac{1 + \cos 40°}{2} \times 30 = 26.5 \ \ \mathrm{L/s}$$

$$Q_2 = \frac{1 - \cos\alpha}{2} Q = \frac{1 - \cos 40°}{2} \times 30 = 3.5 \ \ \mathrm{L/s}$$

(3) 力 F が重心に作用し，力 P が平板の端部①に作用するような，端部②まわりのモーメントは,

$$\frac{FL}{2} = PL$$

よって，平板の端部①に必要な力 P は

$$P = \frac{F}{2} = \frac{295}{2} = 147.5\mathrm{N}$$

問題[5-8]

図 5-8 のような固定曲面板に直径 d の円形ノズルから体積流量 Q で噴出する水が衝突して，角度 α だけ方向を変えて流出しているときの，噴流が曲面板に及ぼす力の x 方向成分，y 方向成分を求めよ．さらに，曲面板に作用する合力 F と合力のなす角度 θ を求めよ．ここで，曲面板に沿う流れに損失はないものとし，ノズル直径 $d = 45$ mm，体積流量 $Q = 0.05$ m^3/s，曲面板の角度 $\alpha = 60°$ とする．

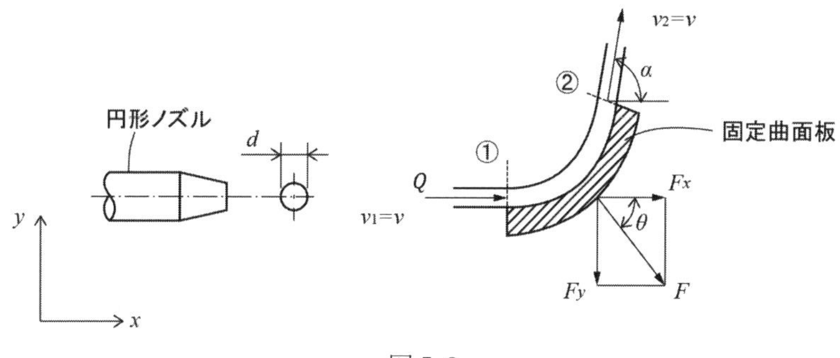

図 5-8

解答[5-8]

図 5-8 のように検査面を取ると，噴流が曲面板に衝突して角度 α だけ曲げられるときの噴流が曲面板に与える力の x 方向成分と y 方向成分は，運動量の法則より

$$-F_x = \rho Q v_2 \cos\alpha - \rho Q v_1$$

$$-F_y = \rho Q v_2 \sin\alpha - 0$$

ここで，流れのエネルギー損失はないので，$v_1 = v_2 = v$ である．したがって，噴流が曲面板に与える x 方向の力 F_x と y 方向の力 F_y は

$$F_x = \rho Q v(1 - \cos\alpha)$$

$$F_y = \rho Q v \sin\alpha$$

となる．両式中の速度 v は連続の式より，$v = 4Q/(\pi d^2)$ なので，力 F_x と F_y は

$$F_x = \frac{4\rho Q^2(1-\cos\alpha)}{\pi d^2} = \frac{4\times 1000\times 0.05^2(1-\cos 60°)}{\pi\times 0.045^2} = 786 \text{ N}$$

$$F_y = \frac{4\rho Q^2 \sin\alpha}{\pi d^2} = \frac{4\times 1000\times 0.05^2 \sin 60°}{\pi\times 0.045^2} = -1361 \text{ N}$$

合力 F は

$$F = \sqrt{{F_x}^2 + {F_y}^2} = \sqrt{786^2 + (-1361)^2} = 1572 \text{ N}$$

合力のなす角度 θ は

$$\theta = \tan^{-1}\left(\frac{F_y}{F_x}\right) = \tan^{-1}\left(\frac{-1361}{786}\right) = -60°$$

問題[5-9]

図 5-9 のように，直径 d の円形ノズルから速度 v で噴出する水噴流が同一方向に速度 u で移動する曲面板に衝突している．曲面板の角度は α である．曲面板に沿う流れに損失がないものとして，噴流が曲面板に及ぼす力の x 方向成分と y 方向成分を求めよ．さらに，曲面板に作用する合力 F，力のなす角度 θ および動力 P を求めよ．ここで，直径 d = 75 mm，噴流の速度 v = 35 m/s，曲面板の移動速度 u = 20 m/s，曲面板の角度 α = 150°とする．

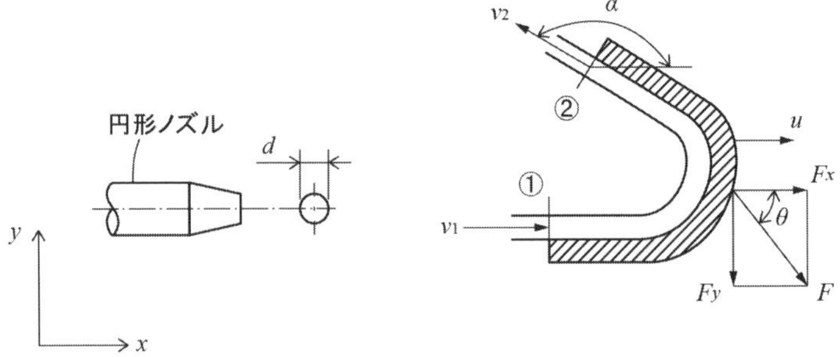

図 5-9

解答[5-9]

検査面を曲面板の流入部①と流出部②に設定する．ここで，曲面板に沿う流れのエネルギー損失は無いので，流入速度 v_1 と流出速度 v_2 は等しい．加えて，水噴流の速度 v，曲面板の移動速度 u なので，流入，流出速度は相対速度で表される．

$v_1 = v_2 = v - u$

次に，移動する曲面板に流体が与える力の x 方向，y 方向成分は運動量の法則より

$$F_x = \rho A(v-u)^2(1-\cos\alpha) = \rho\frac{\pi}{4}d^2(v-u)^2(1-\cos\alpha)$$

$$= 1000 \times \frac{\pi}{4}0.075^2 \times (35-20)^2(1-\cos 150°) = 1855\ \ \mathrm{N}$$

$$F_y = -\rho A(v-u)^2\sin\alpha = -\rho\frac{\pi}{4}d^2(v-u)^2\sin\alpha$$

$$= -1000 \times \frac{\pi}{4}0.075^2 \times (35-20)^2\sin 150° = -497\ \ \mathrm{N}$$

また，曲面板に作用する合力 F，力のなす角度 θ は

$$F = \sqrt{{F_x}^2 + {F_y}^2} = \sqrt{1855^2 + (-497)^2} = 1920\ \ \mathrm{N}$$

$$\theta = \tan^{-1}\left(\frac{F_y}{F_x}\right) = \tan^{-1}\left(\frac{-497}{1855}\right) = -15°$$

さらに，噴流が移動している曲面板に与える動力 P は

$P = F_x u = 1855 \times 20 = 37.1\ \ \mathrm{kW}$

問題[5-10]

図 5-10 のようにフランジ接続された配管①から分岐管②, ③を通して水が大気中に流出している．フランジを 4 本のボルトで接続した場合のボルト 1 本に作用する力 F_{bolt} を求めよ．ここで，配管①の内径 $D_1 = 120$ mm，分岐管②，③の内径 $D_2 = D_3 = 50$ mm，分岐管の角度 $\alpha = 45°$，分岐管②，③から流出する水の体積流量 $Q_2 = Q_3 = 3$ L/s，フランジ部のゲージ圧 $p_{g1} = 50$ kPa，大気圧 $p_a = 101.3$ kPa とする．

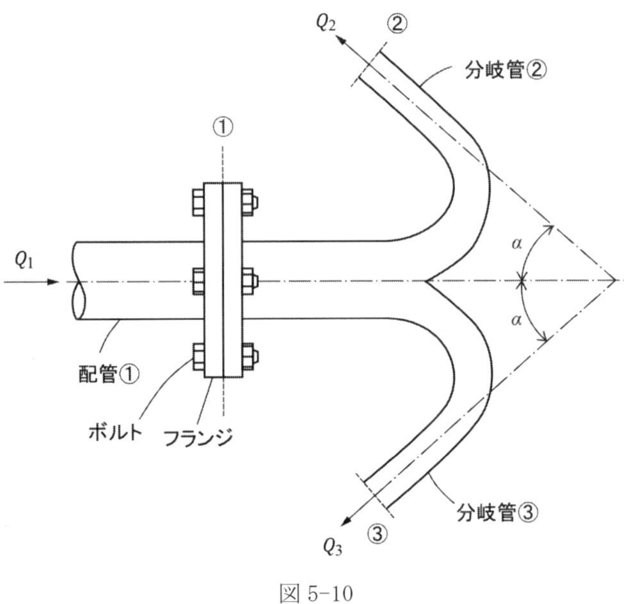

図 5-10

解答[5-10]

フランジ接続した配管部と分岐管の流出部に検査面を設定して，運動量の法則を適用すると，流体がフランジ部に及ぼす水平方向の力 F_x は

$$F_x = \rho Q_1 v_1 - 2\rho Q_2 v_2 \cos\alpha + p_1 A_1$$

ここで，体積流量，流速，断面積および圧力は

$$Q_1 = Q_2 + Q_3$$

$$v_1 = \frac{4Q_1}{\pi {D_1}^2} = \frac{4 \times (2 \times 3 \times 10^{-3})}{\pi \times 0.12^2} = 0.53 \ \ \mathrm{m/s}$$

$$v_2 = \frac{4Q_2}{\pi {D_2}^2} = \frac{4 \times (3 \times 10^{-3})}{\pi \times 0.05^2} = 1.53 \ \ \mathrm{m/s}$$

$$A_1 = \frac{\pi}{4}{D_1}^2 = \frac{\pi}{4}0.12^2 = 0.0113 \ \ \mathrm{m^2}$$

$$p_1 = p_a + p_{g1} = (101.3 + 50) \times 10^3 = 151.3 \ \ \mathrm{kPa}$$

フランジ部のボルト 1 本に作用する力 F_{bolt} は

$$F_{bolt} = \frac{F_x}{4}$$

したがって，力 F_{bolt} は

$$F_{bolt} = \frac{\rho Q_1 v_1 - 2\rho Q_2 v_2 \cos\alpha + p_1 A_1}{4}$$

$$= \frac{1000 \times 6 \times 10^{-3} - 2 \times 1000 \times 3 \times 10^{-3} \times 1.53 \times \cos 135° + 151.3 \times 10^3 \times 0.0113}{4}$$

$= 430$ N となる．

問題[5-11]

図 5-11 のように，水深 h の水槽壁面に，互いに反対側の位置に断面積 A_1，A_2 のノズルが取り付けられている．ノズルの断面積 A_1, A_2 が水槽の断面積 A_0 に比べて無視できるほど小さいとき，水槽が水平方向に受ける推力 F_t はどちらの方向にいくらか．

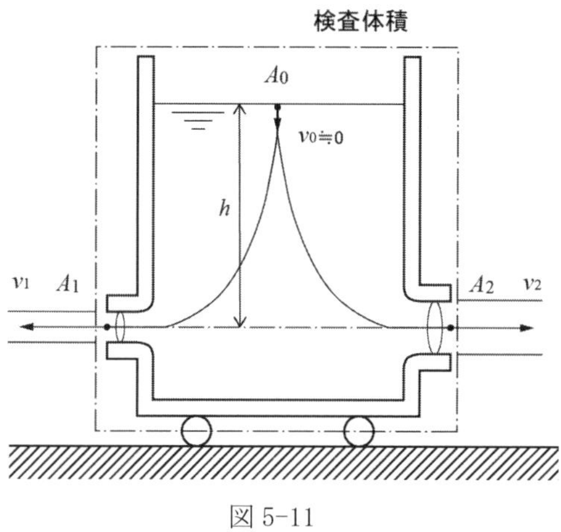

図 5-11

解答[5-11]

右向きを正とすると，運動量方程式より推力 F_t は

$$F_t = -F = \rho Q(v_2 - v_0) + \rho Q(-v_1 - v_0) = \rho A_2 {v_2}^2 - \rho A_1 {v_1}^2$$

トリチェリの定理より$v_1 = v_2 = v = \sqrt{2gh}$であるから，

$F_t = \rho(A_2 - A_1)v^2 = 2(A_2 - A_1)\rho gh$

$A_2 > A_1$のとき，水槽は左向きに推力が発生する．

問題[5-12]

図 5-12 のような，液面が十分大きいタンク下部の側壁のノズルから水が噴出して物体に衝突するときの物体を動かすために必要なタンク内の水の高さ H_1 と，水の高さが H_1 のときのタンク底部のゲージ圧力 p_g を求めよ．ここで，ノズル直径 d = 70 mm，タンク底部からノズル中心までの高さ h = 10 cm，物体の比重 s = 0.5，物体は幅 W = 50 cm，高さ H = 30 cm，奥行き B = 50 cm の立方体であり，物体と床との摩擦係数 μ = 0.4 とする．

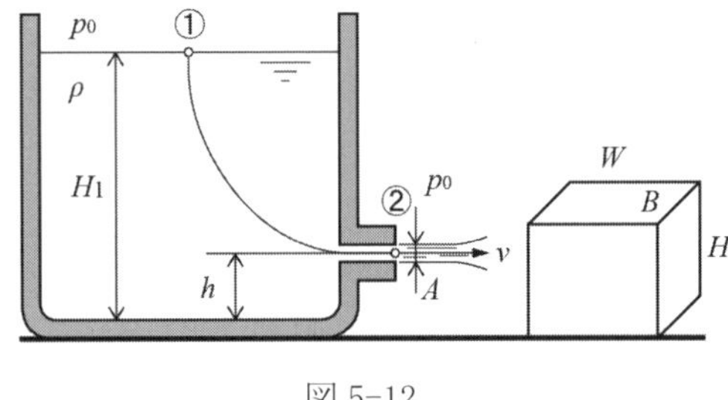

図 5-12

解答[5-12]

タンク内の水が物体に与える力 F は

$F = \rho Q v = \rho v^2 A$

また，トリチェリの定理より，ノズルからの水の噴出速度 v は

$v = \sqrt{2g(H_1 - h)}$

両式より，力 F は

$F = \rho A \times 2g(H_1 - h) = 2\rho g A(H_1 - h)$

次に，物体と床面には摩擦力が生じている．摩擦力 F_f は

$F_f = \mu W = \mu mg = \mu s \rho BWHg$

である．ここで，$F > F_f$のときに物体は動き出すので，限界値として$F = F_f$で計算すると，

$$2\rho g A(H_1 - h) = \mu s \rho BWHg$$

より，タンク内の水の高さH_1は

$$H_1 = h + \frac{\mu s \rho BWH}{2\rho A} = h + \frac{2\mu sBWH}{\pi d^2}$$

$$= 0.1 + \frac{2 \times 0.4 \times 0.5 \times 0.5 \times 0.5 \times 0.3}{\pi \times 0.07^2} = 2.049\ \text{m} = 2049\ \text{mm}$$

よって，$H_1 > 2049$ mm で物体は動き出すことになる．

さらに，水の高さがH_1のときのタンク底部圧力p_gは

$$p_g = \rho g H_1 = 1000 \times 9.8 \times 2.049 = 20.1\ \text{kPa}$$

となる．

問題[5-13]

図 5-13 のように，タンクの上部配管から水が供給され，タンク底部の排出口から水が排出されているときのタンクと水の質量Mを電子秤で計測しながら管理している．タンク内には水が常に 8 割満たされた状態である．タンクの上部配管内径とタンク底部の排出口径は同一，水の供給および排出流量も同じとした場合の電子秤の測定値を求めよ．ここで，タンクの質量は$M_{tank} = 100$ kg，タンクは立方体形状で内寸法は幅$W = 80$ cm，奥行き$B = 100$ cm，高さ$H = 150$ cm である．また，配管外径$D_o = 34$ mm，厚さ$t = 3.2$ mm，体積流量$Q = 50$ L/s である．

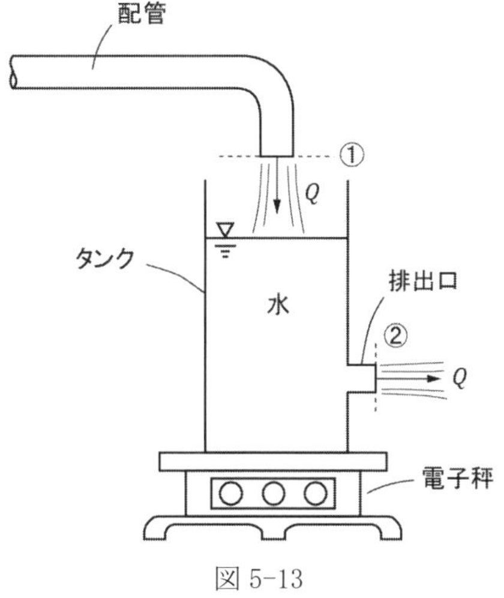

図 5-13

解答[5-13]

タンクの重さ，タンク内の水の重さと水の持つ運動量のつりあい問題である．ここで，電子秤は鉛直方向の力を測定するので，鉛直方向の力のつりあいを考える．まず，タンクの上部配管出口部とタンク底部の排出口に検査面①，②を設定し，鉛直方向の運動量変化から，流体が電子秤に与える力 F_y は

$$-F_y = \rho Q\left(v_{2y} - v_{1y}\right)$$

となる．ここで，$v_{2y} = 0$，v_{1y} は連続の式から

$$v_{1y} = \frac{4Q}{\pi d^2}$$

上式中の d は配管内径で，$d = D_{\rm o} - 2t$ であり，

$$F_y = \frac{4\rho Q^2}{\pi(D_{\rm o} - 2t)^2}$$

となる．

次に，タンクの重さ W_{tank}，タンク内の水の重さ W_{water} とすると，電子秤の重さ W は

$$W = W_{tank} + W_{water} + F_y$$

で表される．ここで，タンクの重さ W_{tank}，タンク内の水の重さ W_{water} は

$$W_{tank} = M_{tank} \times g$$

$$W_{water} = 0.8\rho WBHg$$

となる．以上より，電子秤の重さ W は

$$W = W_{tank} \times g + 0.8\rho WBHg + \frac{4\rho Q^2}{\pi(D_{\rm o} - 2t)^2}$$

$$= 100 \times 9.8 + 0.8 \times 1000 \times 0.8 \times 1 \times 1.5 \times 9.8 + \frac{4 \times 1000 \times (50 \times 10^{-3})^2}{\pi(0.034 - 2 \times 0.0032)^2}$$

$$= 14.6 \ \ \mathrm{kN}$$

よって，電子秤で計測した質量は $M = 1.49$ ton となる．

問題[5-14]

図 5-14 のように，水槽の中に設置されたポンプから噴出した水の噴流が，曲面板

により方向が変えられている．ノズル直径 $d = 30$ mm，ノズルからの噴出速度 $v = 15$ m/s，曲面板の角度 $\alpha = 120°$のとき，下記の問いに答えよ．

(1) もし，噴流が A の経路を経て水槽に戻るとき，水槽に働く推力 F_tはいくらか．

(2) もし，噴流が B の経路を経て水槽の外に噴出されるとき，水槽に働く推力 F_tは いくらか．

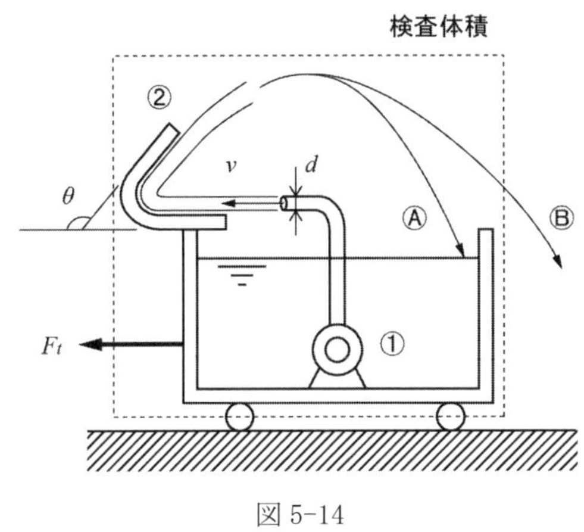

図 5-14

解答[5-14]

(1) 水槽全体に検査体積をとると，運動量の変化はないので

$F_t = 0$

(2) 検査体積から噴出する運動量の変化より推力を求めると

$F_t = F_x = \rho Q(v_{x2} - v_{x1}) = \rho Q\{v\cos(\pi - \theta) - 0\}$

ここで，噴出する流量は

$$Q = Av = \frac{\pi}{4}d^2 v = \frac{\pi}{4} \times 0.03^2 \times 15.0 = 0.0106 \ \ \mathrm{m^3/s}$$

であるから，

$F_t = \rho Q v\cos(\pi - \theta) = 10^3 \times 0.0106 \times 15.0 \times \cos 60° = 79.5 \ \ \mathrm{N}$

問題[5-15]

図 5-15 のように，台車の上に直径 d = 30 mm のノズルを持った水槽と，上方へ θ = 30° 方向を変えるための曲面板が取り付けられている．水槽には水が補給されて水位は一定に保たれており，ノズルから速度 v_2 = 15 m/s の水が噴出している．この台車を静止させるためにケーブルで支えたとき，ケーブルに作用する張力 T はいくらか．

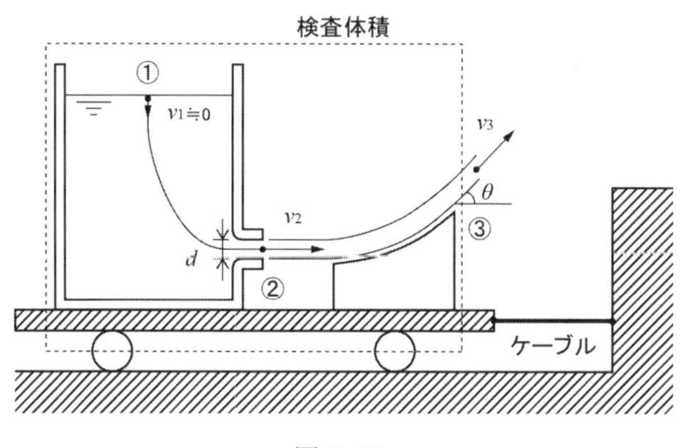

図 5-15

解答[5-15]

水槽と曲面板は台車上に一体化して設置されているので，台車全体に検査体積を適用すると，水槽水面と曲面板から流出する噴流の間で運動量の変化を考えればよい．したがって，ケーブルに作用する張力 T は

$$T = F_x = \rho Q(v_{x3} - v_{x1}) = \rho Q\{v\cos\theta - 0\}$$

ここで，噴出する流量は

$$Q = Av = \frac{\pi}{4}d^2 v = \frac{\pi}{4} \times 0.03^2 \times 15.0 = 0.0106 \ \ \mathrm{m^3/s}$$

であるから，

$$T = \rho Q v \cos\theta = 10^3 \times 0.0106 \times 15.0 \times \cos 30° = 137.7 \ \ \mathrm{N}$$

［別解］

水槽に作用する推力 F_t は

$F_t = \rho Q v$（左向き）

曲面板に作用する力 F_x は

$F_x = \rho Q v(1 - \cos\theta)$（右向き）

したがって，ケーブルに作用する張力 T は

$T = F_t - F_x = \rho Q v - \rho Q v(1 - \cos\theta) = \rho Q v \cos\theta$

問題［5-16］

図 5-16 のような斜面に，曲面板を持つ車輪付きのタンクが静止している．タンクには直径 d の円形ノズルから噴出する水が曲面板に衝突している．タンク内に供給された水は，図のような状態で維持されているものとする．このときに，車輪付きタンクが静止状態から動き始めるために必要なノズルからの水噴流の速度 v を求めよ．ここで，ノズル直径 $d = 50$ mm，タンク内寸法は幅 $W = 500$ mm，奥行き $B = 400$m，高さ $H = 600$ mm，台車の固定曲面板の角度 $\alpha = 45°$，水平面と斜面がなす角度 $\theta = 5°$，車輪と斜面の摩擦係数 $\mu = 0.15$ とする．ただし，曲面板の流れの損失はなく，曲面板とタンク及び車輪の重さは無視するものとする．

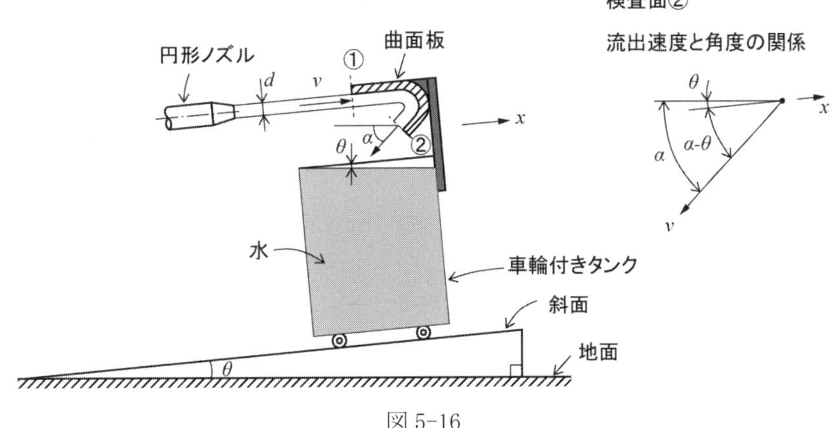

図 5-16

解答［5-16］

まず，曲面板上の流れのエネルギー損失がないので，曲面板の入口と出口の速度は $v_1 = v_2 = v$ である．したがって，噴流が曲面板に与える斜面方向の力 F_x は

$$F_x = \rho Q v\{1-\cos(\alpha-\theta)\}$$

体積流量 Q は連続の式より

$$Q = \frac{\pi}{4}d^2 v$$

なので，力 F_x は

$$F_x = \rho\frac{\pi}{4}d^2 v^2\{1-\cos(\alpha-\theta)\}$$

となる．次に，斜面方向の力のつりあいを考えると

$$F_x = Mg\sin\theta + \mu Mg\cos\theta$$

で表される．上式の右辺第 1 項は曲面板を持つ車輪付きのタンクの斜面下向き方向の力，右辺第 2 項は摩擦力である．式中の M はタンク内の水の質量である．車輪付きタンクが静止状態から動き始めるためには，

$$F_x > Mg\sin\theta + \mu Mg\cos\theta$$

となればよい．ここで，タンク内の水の体積 V を求めると

$$V = HWB - \frac{1}{2}BW^2\tan\theta$$

よって，水の質量 M は

$$M = \rho V = \rho BW\left(H - \frac{1}{2}W\tan\theta\right)$$

となる．以上より，斜面方向のつりあい式は

$$\rho\frac{\pi}{4}d^2 v^2\{1-\cos(\alpha-\theta)\} > \rho BW\left(H-\frac{1}{2}W\tan\theta\right)(\sin\theta - \mu\cos\theta)$$

で表され，上式をノズルからの水噴流の速度 v について解くと

$$v > \sqrt{\frac{4gBW\left(H-\frac{1}{2}W\tan\theta\right)(\sin\theta-\mu\cos\theta)}{\pi d^2\{1-\cos(\alpha-\theta)\}}}$$

$$= \sqrt{\frac{4 \times 9.8 \times 0.4 \times 0.5 \left(0.6 - \frac{1}{2} \times 0.5 \tan 5^\circ\right)(\sin 5^\circ - \mu \cos 5^\circ)}{\pi \times 0.05^2\{1 - \cos(45^\circ - 5^\circ)\}}} = 24.2 \ \ \mathrm{m/s}$$

よって，$v > 24.2\ \ \mathrm{m/s}$であれば，車輪付きタンクが静止状態から動き始めることになる．

問題[5-17]

図 5-17 のように，打ち上げ前の質量 M_0 = 500 kg のロケットが垂直に支持されている．エンジン点火後，燃料が Q_{mf} = 5 kg/s の割合で燃焼して，ロケットに対して相対的な噴射速度 w_e = 1.5 km/s で大気中に噴射される．下記の問いに答えよ．

(1) ロケットの推力を求めよ．ただし，ロケットエンジン出口圧力は大気圧に等しいものとする．

(2) 地上から打ち上げる際の加速度を求めよ．

(3) 空気抵抗を無視するとすれば，10 秒後のロケットの速度はいくらか．

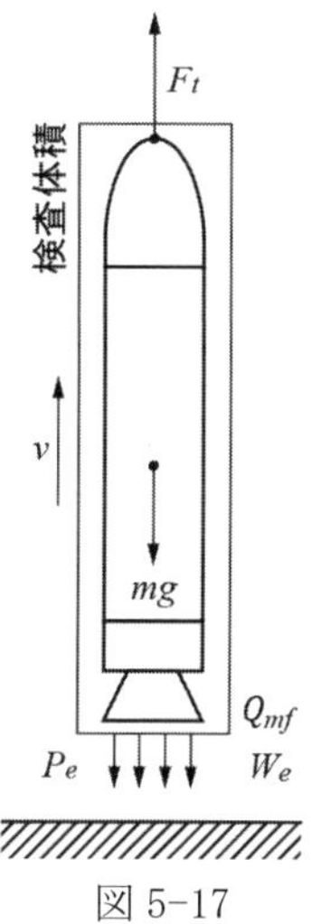

図 5-17

解答[5-17]

(1) ロケットエンジンの推力は以下の式で表される．

$F_t = Q_{mf} w_e + (P_e - P_0) A_e$

Q_{mf}：排気ガスの質量流量

w_e：ノズルからの噴射速度

P_e：ノズル出口の圧力

P_0：大気圧

A_e：ノズル出口の断面積

ここで，$P_e - P_0$であるから，

$F_t = Q_{mf} w_e = 5.0 \times 1.5 \times 10^3 = 7.5\ \ \mathrm{kN}$

(2) ニュートンの第二法則より

$$M\frac{du}{dt}=F_t-Mg$$

である．ここで，M はロケットの全質量で，燃料消費によって質量は時間と共に減少するので

$$\left(M_0-Q_{mf}t\right)\frac{du}{dt}=F_t-\left(M_0-Q_{mf}t\right)g$$

したがって，$t=0$ の際の加速度は

$$\alpha=\frac{du}{dt}=\frac{F_t}{\left(M_0-Q_{mf}t\right)}-g=\frac{7.5\times10^3}{(500-5.0\times0)}-9.8=5.2\ \ \mathrm{m/s^2}$$

(3) 打ち上げから t 秒後の速度 u は，加速度を積分することで求まる．

$$u=\int du=\int\left(\frac{Q_{mf}w_e}{\left(M_0-Q_{mf}t\right)}-g\right)dt=-w_e\ln\left(M_0-Q_{mf}t\right)-gt+C$$

ここで，C は積分定数で，$t=0$ のとき $u=0$ であるから，

$$C=w_e\ln M_0$$

したがって，

$$u=w_e\ln\left(\frac{M_0}{M_0-Q_{mf}t}\right)-gt$$

10 秒後のロケットの速度は

$$u=1.5\times10^3\times\ln\left(\frac{500}{500-5.0\times10}\right)-9.8\times10=60.0\ \ \mathrm{m/s}$$

問題 [5–18]

図 5–18 のようなジェット機が 850 km/h の速度で高度 9500 m を飛行している．エンジンの取入れ空気質量流量 $\rho_a Q_a$ が 25 kg/s で，燃料混合比 20:1，燃焼ガス排出速度 v_2 が 650 m/s，排出圧力 P_e が 34.5 kPa，ノズルの出口断面積が 1 m^3 であるとき，

ジェットエンジンの推力はいくらか. ただし, 地上における大気の密度 $\rho_0 = 1.2\ \mathrm{kg/m^3}$, 標準大気圧 $P_0 = 101.3\ \mathrm{kPa}$, 空気の気体定数 $\gamma = 1.4$ とする.

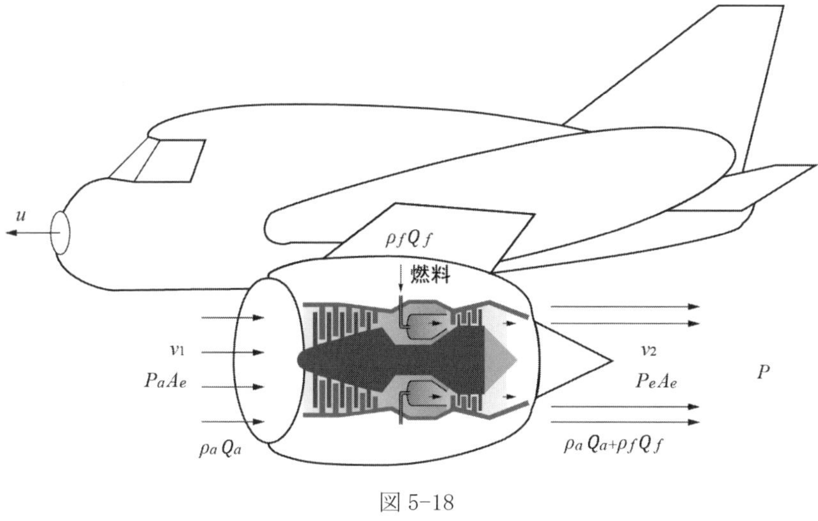

図 5-18

解答[5-18]

ジェットエンジンの推力は以下の式で表される.

$F_t = \rho_a Q_a(v_2 - v_1) + \rho_f Q_f(v_2 - v_1)$

$\rho_a Q_a$：取入れ空気の質量流量

$\rho_f Q_f$：燃料の質量流量

P_e：ノズル出口の圧力

P：上空の大気圧

A_e：ノズル出口の断面積

ここで, 取入れ空気の質量流量は

$\rho_a Q_a = 25\ \ \mathrm{kg/s}$

燃料混合比が 20:1 であるので,

$\rho_f Q_f = \dfrac{1}{20} \times \rho_a Q_a = 1.25\ \ \mathrm{kg/s}$

高度 9500 m の大気圧 P を求める．ポリトロープ変化と仮定すると，

$$Pv^{\gamma} = \frac{P}{\rho^{\gamma}} = \frac{P_0}{{\rho_0}^{\gamma}} = const.$$

よって，

$$\rho = \left(\frac{P}{P_0}{\rho_0}^{\gamma}\right)^{\frac{1}{\gamma}}$$

重力の影響下での鉛直方向の圧力変化は

$$dP = -\rho g dz$$

であるから，

$$dz = -\frac{1}{\rho g}dP = -\frac{1}{g}\left(\frac{P_0}{{\rho_0}^{\gamma}}\frac{1}{P}\right)^{\frac{1}{\gamma}}dP$$

積分すると

$$z = -\frac{1}{g}\left(\frac{P_0}{{\rho_0}^{\gamma}}\right)^{\frac{1}{\gamma}}\left(\frac{\gamma}{\gamma-1}\right)P^{\frac{\gamma-1}{\gamma}} + C$$

ここで，C は積分定数で，地上 $z = 0$ において大気圧 P_0 であるから，

$$C = \frac{1}{g}\left(\frac{P_0}{{\rho_0}^{\gamma}}\right)^{\frac{1}{\gamma}}\left(\frac{\gamma}{\gamma-1}\right){P_0}^{\frac{\gamma-1}{\gamma}}$$

したがって，

$$z = \frac{1}{g}\left(\frac{P_0}{{\rho_0}^{\gamma}}\right)^{\frac{1}{\gamma}}\left(\frac{\gamma}{\gamma-1}\right)\left({P_0}^{\frac{\gamma-1}{\gamma}} - P^{\frac{\gamma-1}{\gamma}}\right)$$

圧力について整理すると

$$P = P_0\left\{1 - \left(\frac{\gamma-1}{\gamma}\right)\frac{\rho_0 g}{P_0}z\right\}^{\frac{\gamma}{\gamma-1}}$$

上式に値を代入して高度 9500 m の大気圧を求めると，

$$P = 101.3\times10^3\times\left\{1-\left(\frac{1.4-1}{1.4}\right)\times\left(\frac{1.2\times9.8}{101.3\times10^3}\right)\times9500\right\}^{\frac{1.4}{1.4-1}}$$

$$= 26.93\ \ \mathrm{kPa}$$

したがって，ジェットエンジンの推力は，

$$F_t = 25 \times \left(650 - \frac{850 \times 1000}{3600}\right) + 1.25 \times 650 + (34.5 - 26.93) \times 1000 \times 1$$

$$= 11.17 \ \text{kN}$$

問題[5-19]

図 5-19 に示すような曲板に水噴流が衝突している．この噴流は，流速 10 m/s，流量 5 L/s であり，噴流の断面積は常に一定であると仮定できる．このとき，回転軸に作用するモーメントを計算しなさい．ただし，水の密度は 998.2 kg/m^3，回転軸から入口までの距離 r_1 を 0.5m，出口までの距離 r_2 を 0.75m，図中の α_2 は 120°とする．

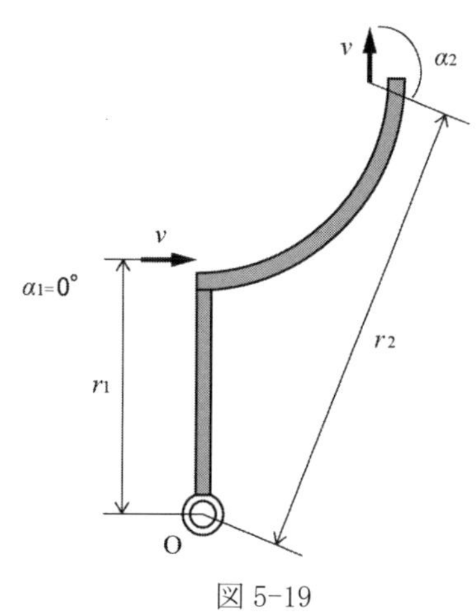

図 5-19

解答[5-19]

単位時間に曲板に流入する角運動量 M_{in} の大きさは，

$$M_{in} = F_{in} \times r_1 = (\rho Q v \cos \alpha_1) \times r_1$$

となる．同様に，流出する角運動量 M_{out} の大きさは次のようになる．

$$M_{out} = F_{out} \times r_2 = (\rho Q v \cos \alpha_2) \times r_2$$

したがって，流体が曲板から受けるモーメント M は，

$$M = M_{out} - M_{in} = \rho Q v (r_2 \cos \alpha_2 - r_1 \cos \alpha_1)$$

$$= 998.2 \times 5 \times 10^{-3} \times 10 \times (0.75 \times \cos 120° - 0.5 \times \cos 0°)$$

$$= -43.7 \ \text{Nm}$$

となる．したがって，回転軸に作用するモーメント M' は，以下のようになる．

$$M' = -M = 43.7 \ \text{Nm}$$

問題[5-20]

図 5-20 に示すような点 0 の周りを回転できるロケットの模型がある．このロケットの模型は，水を噴出し，この反動力がロケットとなる．推力の作用点をノズル出口とし，また，噴出する流体の方向は，回転する円周に対し，外側に 15 度傾いている．ノズルから噴出する水の速度を秒速 15 m，流量を毎分 18 L，回転中心Oとノズル出口までの距離を50 cm としたとき，回転中心 O に伝わる動力 L を求めなさい．ただし，支えている棒の効果と回転している模型に働く抗力は無視できるほど小さいとし，空気の密度を 1.20 kg/m^3 とする．

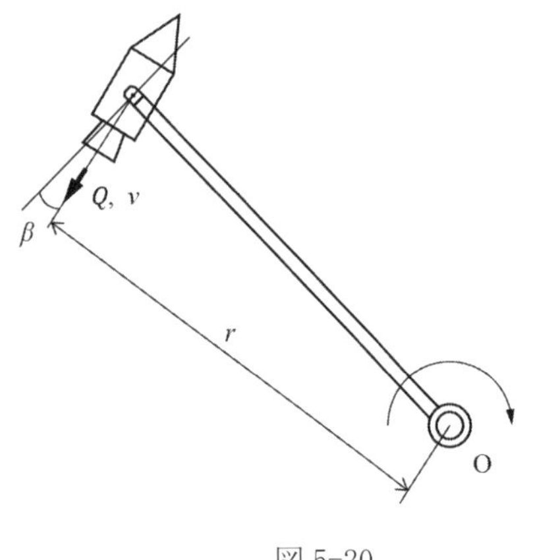

図 5-20

解答[5-20]

噴流によりロケットが得た推力 F は，噴出する水の流量を Q，速度を v としたとき，

$$F = \rho Q v = 998.2 \times \frac{18 \times 10^{-3}}{60} \times 15 = 4.49 \ \mathrm{N}$$

となる．また，回転方向に対する推力 F_t は，以下のようになる．

$$F_t = F \times \cos\beta = 4.49 \times \cos 15° = 4.34 \ \mathrm{N}$$

また，模型のモーメント M は

$$M = F_t \times r = 4.34 \times 0.5 = 2.17 \ \mathrm{N}$$

となり，動力 L は以下のようになる．

$$L = M \times \omega = M \times \left(\frac{v \cos\beta}{r}\right) = 2.17 \times \left(\frac{15 \times \cos 15°}{0.5}\right) = 62.9 \ W$$

問題[5-21]

図 5-21 に示すような，出口直径 40 mm のノズルから流量 100 L/s の水が噴出し，直径 1.5 m のペルトン水車を駆動している．羽根車の回転数を 200 rpm，バケットの転向角を 170 度としたとき，水車から得られる動力を求めなさい．ただし，噴流はノズル直径のままで水車に衝突すると仮定し，水の密度は 998.2 kg/m³ とする．

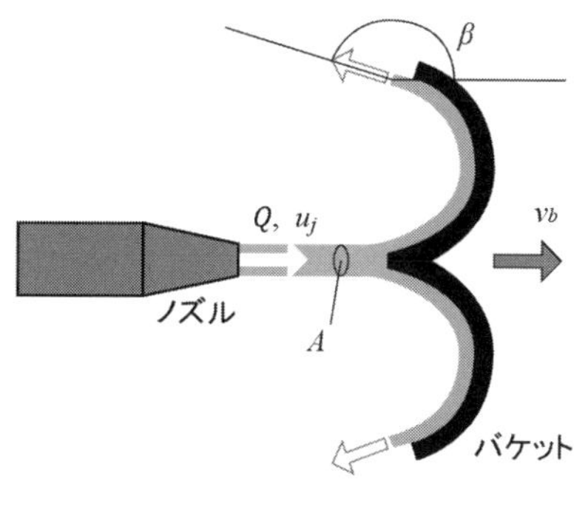

図 5-21

解答[5-21]

ペルトン水車に設置されたバケットの周速度 v_b は,

$$v_b = 2\pi R \times n = 2\pi \times \frac{1.5}{2} \times \frac{200}{60} = 15.71 \text{ m/s}$$

となる．また，噴流速度 u_j は,

$$u_j = \frac{Q}{A} = \frac{4Q}{\pi d^2} = \frac{4 \times (1000 \times 10^{-3})}{\pi \times (40 \times 10^{-3})^2} = 79.58 \text{ m/s}$$

噴流がバケットの回転方向に与える力 F は，バケットの転向角を β とすると,

$$F = \rho Q(u_j - v_b)(1 - \cos\beta)$$

$$= 998.2 \times (1000 \times 10^{-3}) \times (79.6 - 15.7) \times (1 - \cos 170°) = 12.7 \text{ kN}$$

となる．したがって，水車から得られる動力 P は，次のようになる．

$$P = F \cdot v_b = 12.7 \times 10^3 \times 15.7 = 199 \text{ kW}$$

問題[5-22]

風速 8 m/s の大気中にプロペラ長さ 5 m の風車が設置されている．以下の問いを答えなさい．ただし，空気の密度は 1.20 kg/m³ とする．

(1)風力エネルギー E を求めなさい．

(2)実際に得られた風車の出力が 12 kW であるときの出力係数 C_p を求めなさい．

解答[5-22]

(1)風車の受風面積Aは，$A=\pi r^2=\pi\times 5^2=78.5\ \mathrm{m}^2$となるので，風力エネルギー$E$は，次のように得られる．

$$E=\frac{1}{2}\rho v^3 A=\frac{1}{2}\times 1.20\times 8^3\times 78.5=24.1\ \mathrm{kW}$$

(2)出力係数C_pは，実際の風車の出力をPとおくと，次のようになる．

$$C_p=\frac{P}{E}=\frac{12.0\times 10^3}{24.1\times 10^3}=0.498=49.8\ \%$$

問題[5-23]

図5-22に示すようなスプリンクラがある．このスプリンクラは，中心部から毎分100 Lの水が供給される． 2つのノズル(出口直径5 mm)は，回転中心から40 cmの位置にあり，半径方向から30°傾いて設置されている．以下の問いを答えなさい．

(1)ノズルから出る噴流の速度vを求めなさい．

(2)この条件で定常に回転している場合のスプリンクラの周速度uと回転数nを求めなさい．

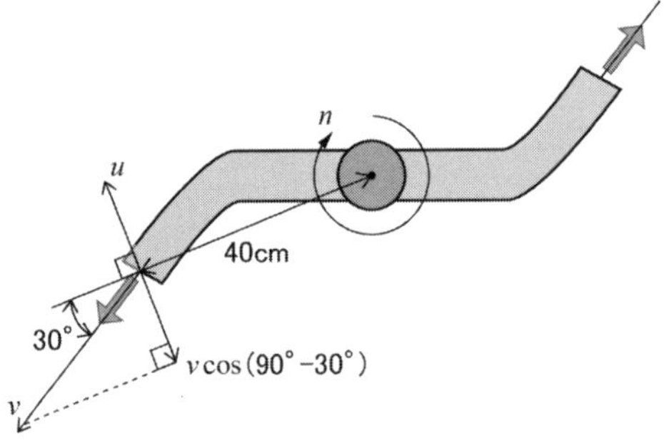

図5-22

解答[5-23]

(1)ノズルは，2つあるため，出口流速vは以下のように求めることができる．

$$v=\frac{Q/2}{A}=\frac{Q/2}{\pi d^2/4}=\frac{2Q}{\pi d^2}=\frac{2\times(100\times 10^{-3}/60)}{\pi\times(5\times 10^{-3})^2}=42.4\ \mathrm{m/s}$$

（2）定常運動時のスプリンクラは角運動量が保存されるため，以下の式が成立する．

$$T = 2(F_t \cdot r) = 2\left[\frac{\rho Q}{2}\{v\cos(90° - 30°) - u\} \cdot r\right] = 0$$

したがって，周速度 u [m/s]は

$$u = v\cos(90° - 30°) = 42.4 \times \cos 60° = 21.2 \ \ \mathrm{m/s}$$

となる．また，回転数 n は以下のように求めることができる．

$$n = \frac{u}{2\pi r} = \frac{21.2}{2\pi \times (40 \times 10^{-2})} = 8.44 \ \ \mathrm{rps} = 506 \ \ \mathrm{rpm}$$

問題[5-24]

図 5-23 に示すような羽根車の出口直径 600 mm，$\alpha_1 = 90°$，$\beta_2 = 25°$，$w_2 = 15$ m/s の遠心ポンプがある．この遠心ポンプの回転数を 1000 rpm としたときの理論揚程 H_{th} を求めなさい．

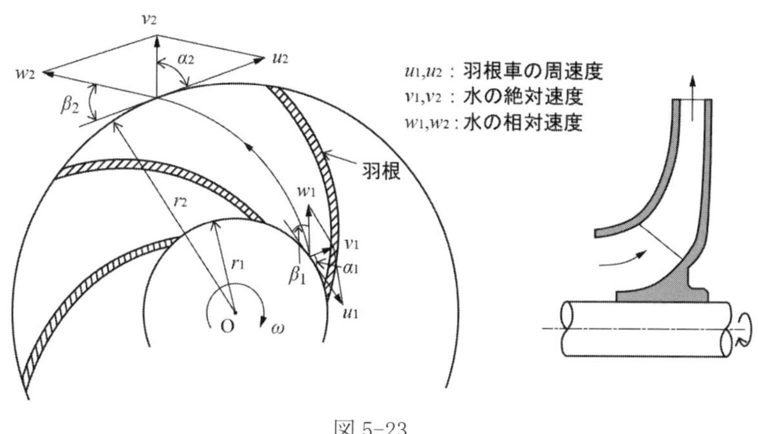

図 5-23

解答[5-24]

羽根車の周速度 u_2 は，羽根車の回転数 n から次のようになる．

$$u_2 = 2\pi rn = 2\pi \times (300 \times 10^{-3}) \times 1000/60 = 10\pi \ \ [\mathrm{rad/s}]$$

また，ポンプ内の羽根車が水に与えたモーメント M は，流出したモーメントから流

入したモーメントの差となるため，以下のように求めることができる．

$$T = \rho Q(r_2 v_2 \cos\alpha_2 - r_1 v_1 \cos\alpha_1)$$

ここで，羽根車の角速度 ω を用いると，動力 L は，

$$L = T\omega = \rho Q(u_2 v_2 \cos\alpha_2 - u_1 v_1 \cos\alpha_1)$$

となる．この式の変形の過程で $u_1 = r_1\omega$，$u_2 = r_2\omega$ の関係を用いている．理論動力 L は，理論揚程 H_{th} を用いて以下のように表すことができる．

$$L = \rho g Q H_{th}$$

$$H_{th} = \frac{L}{\rho g Q} = \frac{1}{g}(u_2 v_2 \cos\alpha_2 - u_1 v_1 \cos\alpha_1)$$

ここで，$\alpha_1 = 90°$，$v_2 \cos\alpha_2 = u_2 - w_2 \cos\beta_2$ より，次のように整理できる．

$$H_{th} = \frac{L}{\rho g Q} = \frac{1}{g} u_2 v_2 \cos\alpha_2 = \frac{1}{g} u_2 (u_2 - w_2 \cos\beta_2)$$

問題で与えられた数値を代入すると，以下のような解を得ることができる．

$$H_{th} = \frac{10\pi}{9.8}(10\pi - 15 \times \cos 25°) = 57.1 \ \text{m}$$

問題[5-25]

風車が取り出しうるエネルギーの限界値をベッツの運動量理論から算出しなさい．

解答[5-25]

風車から十分離れた上流面と下流面にある断面積として，それぞれ A_i と A_o を考える．上流面の圧力と風速を v_i，p_i，同様に下流面を v_o，p_o とする．風車のロータを通過する風速を v_r，圧力を p_{ru}，p_{rd} とする．上流面と下流面に囲まれた検査領域に対して運動量の法則を適用すると，以下のようになる．

$$F = \rho Q(v_i - v_o) = \rho A v_r (v_i - v_o) \quad \cdots\cdots\cdots\cdots (1)$$

風車の上流側と下流側に，ベルヌーイの式を適用すると，以下のようになる．

上流側：$p_i + \frac{\rho}{2} {v_i}^2 = p_{ru} + \frac{\rho}{2} {v_r}^2$ ，　　下流側：$p_{rd} + \frac{\rho}{2} {v_r}^2 = p_o + \frac{\rho}{2} {v_o}^2$

p_iとp_oは，風車から十分離れているため，一般にp_{atm}(大気圧)$=p_i=p_o$となる．したがって，風車近傍の圧力差（$p_{ru}-p_{rd}$）は，

$$\Delta p = p_{ru} - p_{rd} = \frac{\rho}{2}({v_i}^2 - {v_o}^2) = \frac{\rho}{2}(v_i - v_o)(v_i + v_o)$$

となる．風車に働く力は，この圧力差を用いて以下のようになる．

$$F = (p_{ru} - p_{rd})A = \frac{\rho}{2}(v_i - v_o)(v_i + v_o)A \quad \cdots\cdots\cdots\cdots\cdots (2)$$

式(1)と(2)から，以下の式が成り立つ．

$$\frac{\rho}{2}(v_i - v_o)(v_i + v_o)A = \rho A v_r(v_i - v_o) \quad \longrightarrow \quad v_r = \frac{1}{2}(v_i + v_o)$$

ゆえに，風車が風から得ることのできる動力Lは

$$P = Fv_r = \frac{\rho}{2}(v_i - v_o)(v_i + v_o)A \times \left\{\frac{1}{2}(v_i + v_o)\right\} = \frac{\rho}{4}(v_i - v_o)(v_i + v_o)^2 A$$

となる．また，風力エネルギーEは，次式で表される．

$$E = \frac{1}{2}(\rho v_i A){v_i}^2 = \frac{1}{2}\rho {v_i}^3 A$$

理論効率η_{th}は，風の持っているエネルギーEに対する比になるため，

$$\eta_{th} = \frac{L}{E} = \frac{\frac{\rho}{4}(v_i - v_o)(v_i + v_o)^2 A}{\frac{1}{2}\rho {v_i}^3 A} = \frac{(v_i - v_o)(v_i + v_o)^2}{2{v_i}^3}$$

となる．最大理論効率η_{max}は，$d\eta_{th}/dv_o = 0$から求められ，

$$\frac{d\eta_{th}}{dv_o} = \frac{(v_i - 3v_o)(v_i + v_o)}{2{v_i}^3} = 0$$

となり，この方程式を満たす解として$v_i = -v_o$と$v_i = 3v_o$が得られる．しかしながら，$v_i = -v_o$は実際の現象と合わないため，$v_i = 3v_o$が解となる．したがって，理論効率の最大値η_{max}は，次式となる．

$$\eta_{max} = \frac{\left(v_i - \frac{1}{3}v_i\right)\left(v_i + \frac{1}{3}v_i\right)^2}{2{v_i}^3} = \frac{16}{27} \cong 0.593 = 59.3\ \%$$

問題[6-1]

図6-1に示すように，直径dの軸が大きな円筒容器の中心に設置され，容器の中は粘性係数μの流体が入っている．このとき，軸を角速度ωで回転させるのに必要なトルクTを表す式を次元解析により求めよ．また，軸の直径を2.5倍にして同一の角速度ωで回転させたとき，必要なトルクはいくらになるか．トルク T については単位長さ当たりの表示 T/l を用いよ．

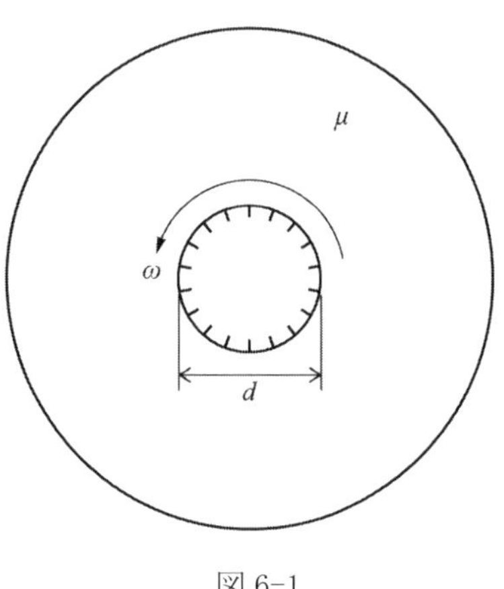

図6-1

解答[6-1]

$T/l = k\ d^x\ \mu^y\ \omega^z$とおくと，次に示す次元方程式が得られる．

$[MLT^{-2}] = [L]^x\ [ML^{-1}T^{-1}]^y\ [T^{-1}]^z$

$$\left.\begin{array}{l} M\text{について：}1 = y \\ L\text{について：}1 = x - y \\ T\text{について：}-2 = -y - z \end{array}\right\} \begin{array}{l} x = 2 \\ y = 1 \\ z = 1 \end{array}$$

$\therefore T/l = kd^2\mu\omega$

上式において，dを2.5倍にすると，T/l は $(2.5)^2 = 6.25$倍になる．

問題[6-2]

図6-2に示すように，2枚の同じ大きさの円板（直径D）が平行に置かれ，それらの間には粘性係数μの油が入っている．円板を一定速度Uで動かして，2枚の円板をくっつけようとすると，油は絞り出されてくる．このとき，円板を押しつけるのに必要な力Fはどのように表されるか．次元解析により力Fを評価する式を求めよ．

また，(h/D)を同一にして，Uを 1.5 倍にすると力 F の大きさは何倍になるか.

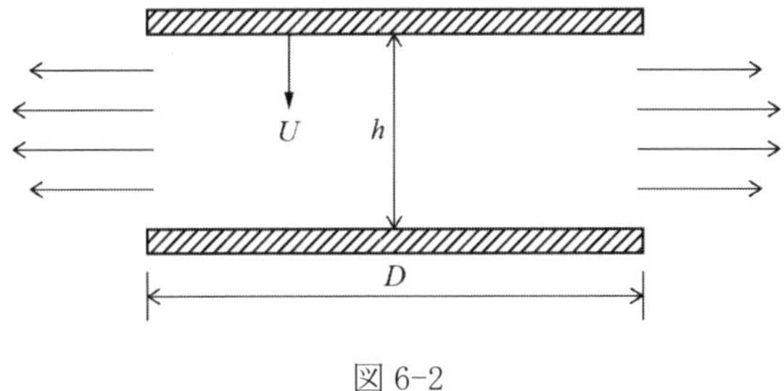

図 6-2

解答[6-2]

$F = kD^a U^b h^c \mu^d$ とおくと，次に示す次元方程式が得られる.

$[MLT^{-2}] = [L]^a [LT^{-1}]^b [L]^c [ML^{-1}T^{-1}]^d$

$$\left.\begin{array}{l} M\text{について}：1 = \mathrm{d} \\ L\text{について}：1 = \mathrm{a} + \mathrm{b} + \mathrm{c} - \mathrm{d} \\ T\text{について}：-2 = -\mathrm{b} - \mathrm{d} \end{array}\right\} \begin{array}{l} \mathrm{a} = 1 - \mathrm{c} \\ \mathrm{b} = 1 \\ \mathrm{d} = 1 \end{array}$$

$$\therefore F = kD^{1-c} U^1 h^c \mu^1 = kDU\mu \left(\frac{h}{D}\right)^c$$

ここで h/D を同一にして，U を 1.5 倍にすると，上式より F は 1.5 倍になる.

問題[6-3]

水撃による上昇圧力水頭 $\varDelta H$ は，圧力波の伝播速度 a，重力加速度 g，管内の速度変化 $\varDelta u$，水の密度 ρ に関係するものとして，$\varDelta H$ を求める式を導け．なお，実験より，$\varDelta H$ は $\varDelta u$ の 1 乗に比例することが分かっている.

解答[6-3]

$\varDelta H = ka^x g^y (\varDelta u)^z \rho^\theta$ とおく.

これを次元方程式で表すと，次のようになる.

$[L] = [LT^{-1}]^x [LT^{-2}]^y [LT^{-1}]^z [ML^{-3}]^\theta$

$$\left.\begin{array}{l} M\text{について：}0 = \theta \\ L\text{について：}1 = x + y + z - 3\theta \\ T\text{について：}0 = -x - 2y - z \end{array}\right\} \begin{array}{l} x + z = 2 \\ y = -1 \\ \theta = 0 \end{array}$$

ここで，$x + z = 2$ について考えてみる．x と z はいろいろな値をとることができるが，実験より，ΔH は Δu の 1 乗に比例することが分かっている．つまり，z=1 となる．それゆえ，x=1 が得られる．これらを整理すると，x=1，y=－1，z=1，θ=0 となる．

$$\therefore \Delta H = k\frac{a}{g}(\Delta u)$$

問題[6-4]

液体中を伝播する圧力波の速度 a は，液体の密度 ρ と液体の体積弾性係数 K に依存することが分かっている．次元解析を用いて，a を表す式を求めよ．

解答[6-4]

$a = k\rho^x K^y$とおくと次式が得られる．

$$[LT^{-1}] = [ML^{-3}]^x[ML^{-1}T^{-2}]^y$$

$$\left.\begin{array}{l} M\text{について：}\ 0 = x + y \\ L\text{について：}\ 1 = -3x - y \\ T\text{について：}\ -1 = -2y \end{array}\right\} \rightarrow\ x = -\frac{1}{2}\ ,\quad y = \frac{1}{2}$$

$$\therefore\ a = k\rho^{-\frac{1}{2}}K^{\frac{1}{2}} = k\sqrt{\frac{K}{\rho}}$$

問題[6-5]

水で満たされている水位が一定のタンクの水面下 h の位置の側壁に小穴が開いており，その穴から水が流れているとき，水の流出速度 u を表す式を次元解析により求めよ．ただし，水の粘性は無視できるものとする．また h が 3.2 倍になると，u は何倍になるか．

解答[6-5]

この問題に関係する物理量は，水の流出速度 u，重力加速度 g，水頭 h であるので，u は次式で表せる．

$u = kg^x h^y$（k は比例定数）

$[LT^{-1}] = [LT^{-2}]^x [L]^y$

L について：$1 = x + y$

T について：$-1 = -2x$

上式より，$x = 1/2$，$y = 1/2$ が得られる．

$\therefore u = kg^{\frac{1}{2}} h^{\frac{1}{2}} = k\sqrt{gh}$

u は h のルートに比例するので，h が 3.2 倍になると u は$\sqrt{3.2} = 1.795$倍になる．

問題[6-6]

鉛直に置かれた長い U 字管（ガラスでできている）の中に，長さ l の液体が入っている．ガラス管の片方の口を吹いて，中の液柱を微小振動させたときの周期 T を次元解析により求めよ．ただし液体の粘性は無視できるものとする．この現象に関係する物理量は，液体の密度 ρ，液柱の長さ l，重力加速度 g，ガラスの断面積 A であると仮定する．

解答[6-6]

$T = kg^a l^b A^c \rho^d$

$[T] = [LT^{-2}]^a [L]^b [L^2]^c [ML^{-3}]^d$

$$\left.\begin{array}{ll} M\text{について：} & 0 = d \\ L\text{について：} & 0 = a + b + 2c - 3d \\ T\text{について：} & 1 = -2a \end{array}\right\} \rightarrow \begin{array}{l} a = -\dfrac{1}{2} \\ b = \dfrac{1}{2} - 2c \\ d = 0 \end{array}$$

$$\therefore T = kg^{-\frac{1}{2}}\ l^{\left(\frac{1}{2}-2c\right)} A^c \rho^0 = k\sqrt{\frac{l}{g}} \times \left(\frac{A}{l^2}\right)^c$$

この式において，ガラス管の断面積 A は，実験より振動周期には関係しないことが分かる．それゆえ，(A/l^2)という無次元パラメータは，不要な変数であると考えられる．それゆえ次式が得られる．

$$T = k\sqrt{\frac{l}{g}}$$

問題[6-7]

図 6-3 に示すようなミサイルが，超音速で大気中を飛んでいる．このとき，ミサイルに働く抗力を計算するための式を次元解析により求めよ．ただし，この現象に関係する物理量は，抗力 D，大気の密度 ρ，大気の粘性係数 μ，大気の体積弾性係数 K，ミサイルの代表長さ l，ミサイルの速度 u である．

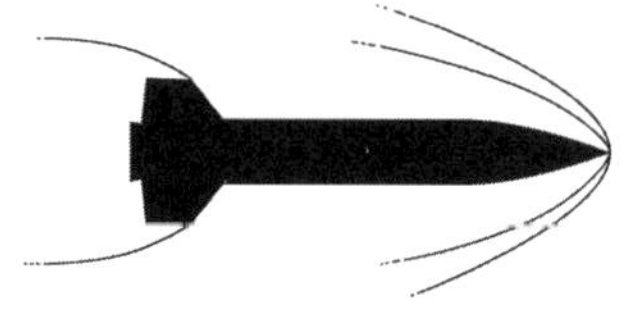

図 6-3

解答[6-7]

$$D = k\rho^a\mu^b K^c l^d u^e$$

$$[MLT^{-2}] = [ML^{-3}]^a[ML^{-1}T^{-1}]^b[ML^{-1}T^{-2}]^c[L]^d[LT^{-1}]^e$$

M について：$1 = a + b + c \qquad \rightarrow\ a = 1 - b - c$

L について：$1 = -3a - b - c + d + e \qquad \rightarrow\ d = 2 - b$

T について：$-2 = -b - 2c - e \qquad \rightarrow\ e = 2 - b - 2c$

$$\therefore D = k\rho^{1-b-c}\mu^b K^c l^{2-b} u^{2-b-2c}$$

$$= k(\rho l^2 u^2)\left(\frac{\mu}{\rho l u}\right)^b\left(\frac{K}{\rho u^2}\right)^c$$

$$= k(\rho l^2 u^2)\left(\frac{1}{Re}\right)^b\left(\frac{1}{M^2}\right)^c$$

$$= k(\rho l^2 u^2) \times \Phi(Re, M)$$ （ M はマッハ数，$M = u/\sqrt{K/\rho}$ ）

問題［6-8］

図 6-4 に示すような三角せきの流量 Q は重力加速度 g とせきの水頭 H より定まることが分かっている．Q を求める式を次元解析により求めよ．粘性の影響は無視できる．また，水頭 H が 1.5 倍になったら，流量 Q はいくらになるか．

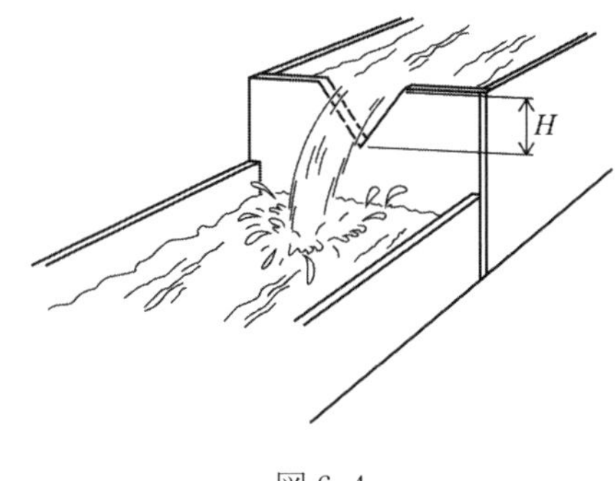

図 6-4

解答［6-8］

$Q = kg^xH^y$（k は比例定数）

上式を次元方程式で表すと次式が得られる．

$[L^3T^{-1}] = [LT^{-2}]^x[L]^y$

L について：$3 = x + y$

T について：$-1 = -2x$

上式より $x = 1/2$，$y = 5/2$ が求まる．

$\therefore Q = kg^{\frac{1}{2}}H^{\frac{5}{2}} = k\sqrt{g}H^{\frac{5}{2}}$

$Q = k\sqrt{g}(1.5H)^{\frac{5}{2}} = k\sqrt{g}H^{\frac{5}{2}} \times (1.5)^{\frac{5}{2}} = 2.76k\sqrt{g}H^{\frac{5}{2}}$

すなわち，水頭が 1.5 倍になると流量は 2.76 倍になる．

問題［6-9］

水槽の中に設置された模型の圧力分布を測定したところ，模型上のある点と模型から十分離れた上流の点との圧力差が 90 kPa であった．このとき，水槽の中の水流の速度は 5 m/s であった．実物を空気の流れの中に置いたとき，実物のまわりの流れと模型のまわりの流れとを力学的に相似な流れにするためには空気の流速をいくらにすればよいか．また，実物と模型のまわりの流れが力学的に相似であるとき，実物上のある点と実物から十分に離れた上流の点との圧力差（模型との対応点の圧力差）はいくらになるか．なお，水に対する密度と粘性係数をそれぞれ 1000 kg/m^3, 1.14×10^{-3} Pa·s とし，空気に対する密度と粘性係数をそれぞれ 1.23 kg/m^3，1.79×10^{-5} Pa·s とする．また，実物は模型の 2 倍の大きさとする．

解答[6-9]

圧力差 $\varDelta P$，流体の密度 ρ，流速 u，物体の大きさ l，流体の粘性係数 μ の 5 個の変数がこの現象には関係すると考えられる．これらの変数を用いて次元解析を行うと，次に示す 2 つの無次元変数を得ることができる．

$$\frac{\varDelta P}{\rho u^2}, \quad \frac{\rho u l}{\mu} \leftarrow \text{レイノルズ数}$$

すなわち，$\dfrac{\varDelta P}{\rho u^2} = \varPhi(Re)$

であるので, 2 つの流れを相似に保つためには, $Re = (Re)_m$にしなければならない．（添字 m は水を示す）

$$\frac{\rho u l}{\mu} = \frac{\rho_m u_m l_m}{\mu_m} \quad \cdots\cdots\cdots\cdots\cdots\cdots ①$$

このことを逆に言えば，式①が成立しているときには常に次式が成り立つ．

$\varDelta P = k\rho u^2$（kは定数）$\cdots\cdots\cdots\cdots\cdots\cdots$ ②

2 つの流れのレイノルズ数が同一であるから，式②中の k は定数となる．

式①に数値を代入することにより，$u = 31.9$ m/s（実機のまわりの流速）が得られる．

一方，式②より次式が得られる．

$$\frac{\varDelta P}{\varDelta P_m} = \frac{k\rho u^2}{k_m \rho_m {u_m}^2} = \frac{\rho u^2}{\rho_m {u_m}^2} \quad (\because k = k_m)$$

すなわち，

$$\varDelta P=\left(\frac{\rho u^2}{\rho_m {u_m}^2}\right)\cdot\varDelta P_m \quad \cdots\cdots\cdots\cdots\cdots\cdots ③$$

式③に数値を代入することによって，$\varDelta P$ = 4.51 kPa（実機の圧力差）が得られる．

問題[6-10]

直径 d の球を流水の中に置いたところ，これに 4.5 N の抗力が働いた．このときの流水の流速は 1.5 m/s である．これとは別に，直径 $2d$ の球を風洞の中に設置した．風洞中の空気の速度をいくらにしたら，両者の流れは相似になるか．また，条件で空気流したときに，風洞中の球に働く抗力はいくらか．空気の動粘度は水の動粘度の 13 倍であり，水と空気の密度 ρ_w と ρ_a は，それぞれ 999 kg/m^3，1.23 kg/m^3 である．

解答[6-10]

この現象に関係する物理量は，流体の密度 ρ，流れの速度 u，物体の代表長さ d，流体の粘性係数 μ，抗力 F である．この問題では，5－3＝2 個の π パラメータが存在する．くり返し変数として，ρ，u，d をとれば

$$\pi_1=\rho^{x_1}u^{y_1}d^{z_1}F \quad \cdots\cdots\cdots\cdots\cdots\cdots ①$$

$$\pi_2=\rho^{x_2}u^{y_2}d^{z_2}\mu \quad \cdots\cdots\cdots\cdots\cdots\cdots ②$$

が得られる．x，y，z を計算しなくても，式①からは抗力 F を圧力抗力 ρu^2d^2 で除した $F/(\rho u^2d^2)$が求まり，式②からはレイノルズ数の逆数である $\mu/(\rho ud)$ が求まることはただちに分かる．上のことを式で書くと，次のようになる．

$$\varPhi(\pi_1,\pi_2)=\varPhi'\left(\pi_1,\frac{1}{\pi_2}\right)=\varPhi'\left(\frac{F}{\rho u^2d^2},\frac{ud}{\nu}\right)=0$$

すなわち，$F=\rho u^2d^2\varPhi'\left(\dfrac{ud}{\nu}\right)=\rho u^2d^2\varPhi'(Re)$

ここで，2 つの流れのレイノルズ数を等しくすると次式が得られる．

$$\frac{u_ad_a}{\nu_a}=\frac{u_wd_w}{\nu_w}\rightarrow u_a=u_w\times\left(\frac{d_w}{d_a}\right)\times\left(\frac{\nu_a}{\nu_w}\right)=1.5\times\left(\frac{1}{2}\right)\left(\frac{13}{1}\right)=9.75\ \ \mathrm{m/s}$$

空気がこの流速であれば，

$\dfrac{u_a d_a}{\nu_a} = \dfrac{u_w d_w}{\nu_w}$ は常に成立する.

つまり，流れの相似条件が成り立つので，その条件のもとでは次式が成り立つ.

$F_a = k\rho_a u_a^2 d_a^2$

$F_w = k\rho_w u_w^2 d_w^2$

ただし，$k = \Phi'\left(\dfrac{ud}{\nu}\right)$

上式を辺々割ることにより，F_a が次のように求まる.

$$\frac{F_a}{F_w} = \frac{k\rho_a u_a^2 d_a^2}{k\rho_w u_w^2 d_w^2} = \left(\frac{\rho_a}{\rho_w}\right)\left(\frac{u_a}{u_w}\right)^2\left(\frac{d_a}{d_w}\right)^2$$

$$F_a = \left(\frac{1.23}{999}\right)\left(\frac{9.75}{1.50}\right)^2\left(\frac{2}{1}\right)^2 \times 4.5 = 0.936\ \mathrm{N}$$

問題［6-11］

造波抵抗 F が船の代表長さ l，船の速度 v，水の密度 ρ，重力加速度 g に関係するものとして，F を表す式を求めよ.

解答［6-11］

$F = kl^A v^B \rho^C g^D$ とおいて，両辺の次元を調べると次式が得られる.

$[MLT^{-2}] = [L]^A [LT^{-1}]^B [ML^{-3}]^C [LT^{-2}]^D$

M について：1＝C

L について　：1＝A+B－3C＋D

T について　：－2＝－B－2D

上式より A＝2＋D，B＝2－2D

が得られる．よって，F の式は次のように表せる.

$$F = kl^{2+D} v^{2-2D} \rho g^D = k\rho l^2 v^2 \left(\frac{lg}{v^2}\right)^D$$

ここで，$\dfrac{v}{\sqrt{gl}} = Fr$（フルード数）とおくと

上式は次のように書ける．

$F = k(1/Fr)^{2D}\rho l^2 v^2 = \Phi(Fr)\rho l^2 v^2$

すなわち，造波抵抗 F はフルード数 Fr の関数となる．

問題[6-12]

1/25 の船の模型が 1.5 m/s で定常走行しているときに，それに働く造波抵抗の大きさが 10 N であるとき，実際の船をいくらの速度で航行させたら，流れの相似条件が成り立つか．また，このとき，実際の船に働く造波抵抗の大きさはいくらになるか．ただし，ここでは，粘性による抵抗の大きさは無視できるものとする．（船が進むときには，水面に波ができる．その結果，波ができた部分の船のまわりの圧力は，波の無いときに比べて圧力が高くなる．そのために，船は水から抵抗を受ける．この抵抗は，圧力抵抗の一種で，造波抵抗と呼ばれる．）

解答[6-12]

この現象に関係する物理量は主として，造波抵抗 F，船の代表長さ l，船の速度 u，水の密度 ρ，重力加速度 g である．関係する物理量が 5 個で基本次元の数が M, L, T の 3 個であるから，5－3＝2 個の π パラメータが存在することになる．くり返し変数を l, u, ρ とすると，

$$\left.\begin{aligned}\pi_1 &= l^{x_1}u^{y_1}\rho^{z_1}F\\ \pi_2 &= l^{x_2}u^{y_2}\rho^{z_2}g\end{aligned}\right\} \rightarrow \begin{aligned}&[M^0L^0T^0] = [L]^{x_1}[LT^{-1}]^{y_1}[ML^{-3}]^{z_1}[MLT^{-2}]\\ &[M^0L^0T^0] = [L]^{x_2}[LT^{-1}]^{y_2}[ML^{-3}]^{z_2}[LT^{-2}]\end{aligned}$$

$$\left.\begin{aligned}&0 = z_1 + 1,\ 0 = x_1 + y_1 - 3z_1 + 1,\ 0 = -y_1 - 2\\ &0 = z_2,\ 0 = x_2 + y_2 - 3z_2 + 1,\ 0 = -y_2 - 2\end{aligned}\right\} \rightarrow \begin{aligned}&x_1 = -2,\ y_1 = -2,\ z_1 = -1\\ &x_2 = 1,\ y_2 = -2,\ z_2 = 0\end{aligned}$$

$$\therefore \pi_1 = \frac{F}{l^2u^2\rho},\ \pi_2 = \frac{lg}{u^2} \quad \rightarrow \quad \Phi(\pi_1, \pi_2) = \Phi\left(\frac{F}{l^2u^2\rho}, \frac{lg}{u^2}\right)$$

$$\frac{F}{\rho u^2 l^2} = \Phi'\left(\frac{lg}{u^2}\right) \quad \rightarrow \quad F = k\,\rho\,u^2 l^2$$

lg/u^2を模型と実物で等しくすることにより，$\dfrac{l_m g}{u_m^2} = \dfrac{lg}{u^2}$ が得られる．

$$\frac{\left(\frac{1}{25}l\right)g}{(1.5)^2} = \frac{lg}{u^2} \rightarrow u = 7.5\ \ \mathrm{m/s}$$

$$\frac{F_m}{\rho_m u_m^2 l_m^2} = \frac{F}{\rho u^2 l^2}$$ より

$$\rightarrow\ \ F = F_m \times \frac{\rho u^2 l^2}{\rho_m u_m^2 l_m^2} = 10 \times \frac{(7.5)^2}{(1.5)^2}\frac{(1)^2}{\left({}^1/_{25}\right)^2} = 156 \times 10^3\ \ \mathrm{N} = 156\ \ \mathrm{kN}$$

問題[6-13]

貯水タンクの水門を開放したときの排水時間を 1/100 の大きさの模型を用いて実験を行って調べたところ，模型タンクの水門を開放して中の水を排水するのに 8 分かかった．実際の貯水タンクを空にするのに要する時間はいくらか．排水時間 t に関係する物理量として，流量 Q，貯水タンクの大きさ l（実機）を考える．

解答[6-13]

この問題に関係する物理量は流量 Q，大きさ l，重力加速度 g，時間 t である．すなわち，

$f(\ Q, l, g, t\ ) = 0.$

関係する物理量が 4 個でそれらを構成している基本次元の数が 2 個であるから，4−2＝2 個の π パラメータが存在する．

$$\pi_1 = Q^{x_1} l^{y_1} g, \qquad \pi_2 = Q^{x_2} l^{y_2} t$$

$$\pi_1 = \frac{l^5 g}{Q^2}, \qquad \pi_2 = \frac{Qt}{l^3} \qquad \rightarrow \qquad \Phi\left(\frac{l^5 g}{Q^2}, \frac{Qt}{l^3}\right) = 0$$

$$\frac{Qt}{l^3} = \Phi'\left(\frac{l^5 g}{Q^2}\right) \qquad \rightarrow \qquad t = \Phi'\left(\frac{l^5 g}{Q^2}\right) \times \left(\frac{l^3}{Q}\right)$$

ここで，$l^5 g/Q^2$ を実機とモデルで同じにすれば，

$$t = k \times \left(\frac{l^3}{Q}\right)$$

の形の式を得ることができる．

無次元変数 $t = k \times (l^3/Q)$ は広義のフルード数（Froude number）である．

k の値は実機とモデルで等しい．

$$\frac{l^5 g}{Q^2} = \frac{l_m^5 g}{Q_m^2} \qquad \rightarrow \qquad \frac{Q_m}{Q} = \left(\frac{l_m}{l}\right)^{\frac{5}{2}}$$

$$\frac{t}{t_m} = \frac{k \times \left(\frac{l^3}{Q}\right)}{k \times \left(\frac{l_m^3}{Q_m}\right)} \qquad \rightarrow \qquad t = t_m \times \left(\frac{Q_m}{Q}\right) \times \left(\frac{100\ \ l_m}{l_m}\right)^3$$

$$t = \left(\frac{l_m}{l}\right)^{\frac{5}{2}} \times (100)^3 \times t_m = \left(\frac{l_m}{100 l_m}\right)^{\frac{5}{2}} \times (100)^3 \times t_m$$

$$= (100)^{-\frac{5}{2}} \times (100)^3 \times t_m = \sqrt{100} \times t_m = 10 \times t_m$$

t_m が 8 分であるから，$t = 8$ 分×10 = 80 分 である．

問題[6-14]

低速で飛んでいる飛行機のまわりの空気の圧力の様子を調べるために，1/3 の大きさの模型と相似である流れの風洞を作り実験を行った．模型においてある点の圧力が 16 kPa であったときに，実物でこれに対応する点の圧力はいくらになるか．

解答[6-14]

模型と実物両飛行機のまわりの流れを相似にして実験を行ったのであるから，両方の流れのレイノルズ数は同一になる．すなわち，

$$\frac{u_m l_m}{\mu_m/\rho_m} = \frac{ul}{\mu/\rho}$$

$$\therefore \frac{u}{u_m} = \frac{l_m}{l} \times \frac{\rho_m}{\rho} \times \frac{\mu}{\mu_m} = \frac{1}{3}$$

この流れにおいてはオイラー数が同一であるから，次式が成り立つ．ここで，γ は比

重量を示し，$\gamma=\rho g$ の関係がある．

$$\frac{P_m}{\frac{\gamma_m}{2g}\times u_m^2}=\frac{P}{\frac{\gamma}{2g}\times u^2} \quad \rightarrow \quad \frac{P_m}{\rho_m u_m^2}=\frac{P}{\rho u^2}$$

$$\therefore P=P_m\times\frac{\rho}{\rho_m}\times\left(\frac{u}{u_m}\right)^2=16\times\left(\frac{1}{3}\right)^2=1.8\ \text{kPa}$$

問題[6-15]

内径が異なるいくつかのきれいなガラス管を用意する．それらのガラス管を水にひたしたのちに引き上げたところ，管の内径が 8 mm よりも小さい場合には，いずれの管もひとしずくの水を残して管の穴をふさいでいた．同様の実験をクロロフォルム液に対して行ったところ，4 mm より小さい管の場合には，いずれの管もひとしずくの液体を残して管の穴をふさいでいた．水の表面張力が 0.073 N/m で，クロロフォルムの比重が 1.5 であるとすると，クロロフォルムの表面張力はいくらか．ただし，管を液体から取り出したときに，管の中にその液体が残る場合の管の半径の最大値 r は，液体の表面張力 σ，液体の密度 ρ，重力加速度 g に関係するものとする．

解答[6-15]

$$r=k\sigma^x\rho^y g^z$$

$$[L]=[MT^{-2}]^x[ML^{-3}]^y[LT^{-2}]^z$$

$$\left.\begin{array}{l} M\text{について：}\ x+y=0 \\ L\text{について：}\ -3y+z=1 \\ T\text{について：}\ -2x-2z=0 \end{array}\right\} \rightarrow \quad \begin{array}{l} x=\frac{1}{2} \\ y=-\frac{1}{2} \\ z=-\frac{1}{2} \end{array}$$

$$r=k\sigma^{\frac{1}{2}}\rho^{-\frac{1}{2}}g^{-\frac{1}{2}}=k\times\sqrt{\frac{\sigma}{\rho g}}$$

題意にしたがって数値を代入すると次の 2 式が得られる．

$$8.0\times10^{-3}=k\times\sqrt{\frac{0.073}{1000\times9.8}}\ , \qquad 4.0\times10^{-3}=k\times\sqrt{\frac{\sigma_x}{(1.50\times1000)\times9.8}}$$

上の 2 式より次式が得られる.

$$\frac{8.0\times10^{-3}}{4.0\times10^{-3}}=\frac{k\sqrt{\dfrac{0.073}{1000\times9.8}}}{k\sqrt{\dfrac{\sigma_x}{(1.50\times1000)\times9.8}}}$$

$$2.0=\sqrt{0.073}\times\sqrt{\frac{1.50}{\sigma_x}}$$

$$\frac{1}{\sqrt{\sigma_x}}=\frac{2.0}{\sqrt{0.073}}\times\frac{1}{\sqrt{1.50}}$$

$$\sigma_x=\left[\frac{\sqrt{0.073}\times\sqrt{1.50}}{2.0}\right]^2=0.027\ \ \mathrm{N/m}$$

問題[6-16]

物体の後ろに渦ができているような流れでは，流体が物体に及ぼす抵抗力は流体の粘性にはほとんどよらないことが実験から明らかになっている．このような流れにおいては，流体が物体に及ぼす抵抗力は，流体の密度 ρ，物体の移動速度 u，物体の代表長さ l とどのような関係にあるかを調べよ．また，この結果を用いて，次の問いに答えよ．

(1) 1/8 の大きさの電車の模型を空気の中で走らせたときに，この模型に働く抵抗力は，実物を同じ速度で走らせたときに働く空気の抵抗力の何分の 1 であるか.

(2) この電車の模型を水の中で，実際の 1/5 の速度で走らせたときに働く抵抗力はいくらであるか. ただし，空気の密度は 1.24 kg/m^3，水の密度は 1000 kg/m^3 である.

解答[6-16]

この現象に関係する物理量は F，ρ，u，l の 4 個である．よって，4－3＝1 個の π パラメータが存在する.

$\pi=\rho^x u^y l^z F$ とおく.

$[M^0L^0T^0]=[ML^{-3}]^x[LT^{-1}]^y[L]^z[MLT^{-2}]$

$$\left.\begin{array}{ll} M\text{について：} & x+1=0 \\ L\text{について：} & -3x+y+z+1=0 \\ T\text{について：} & -y-2=0 \end{array}\right\} \rightarrow \begin{array}{l} x=-1 \\ y=-2 \\ z=-2 \end{array}$$

$$\pi = \frac{F}{\rho u^2 l^2} \quad \rightarrow \quad \Phi\left(\frac{F}{\rho u^2 l^2}\right) = 0$$

$$\therefore F = k \times (\rho u^2 l^2)$$

(1)

$$F_{(\text{実})} = k \times \rho_{air} \times {u_{(\text{実})}}^2 \times {l_{(\text{実})}}^2$$

$$F_{(\text{模})} = k \times \rho_{air} \times {u_{(\text{模})}}^2 \times \left(\frac{l}{8}\right)^2$$

$$\frac{F_{(\text{模})}}{F_{(\text{実})}} = \frac{k \times \rho_{air} \times u^2 \times \left(\frac{l}{8}\right)^2}{k \times \rho_{air} \times u^2 \times l^2} = \frac{1}{64}$$

$$F_{(\text{模})} = \left(\frac{1}{64}\right) \times F_{(\text{実})}$$

(2)

$$F_{(\text{実})} = k \times \rho_{air} \times {u_{(\text{実})}}^2 \times {l_{(\text{実})}}^2$$

$$F_{(\text{模})} = k \times \rho_{water} \times \left(\frac{u}{5}\right)^2 \times \left(\frac{l}{8}\right)^2$$

$$\frac{F_{(\text{模})}}{F_{(\text{実})}} = \frac{k \times \rho_{water} \times \left(\frac{u}{5}\right)^2 \times \left(\frac{l}{8}\right)^2}{k \times \rho_{air} \times u^2 \times l^2} = \frac{1000}{1.24} \times \frac{1}{25} \times \frac{1}{64} = 0.504$$

$$F_{(\text{模})} = (0.504) \times F_{(\text{実})}$$

問題［6-17］

図 6-5 に示すようなディフューザの断面①と②の間の差圧 ΔP を次元解析によって求めよ．ただし，差圧 ΔP は流量 Q，①における断面積 S_1，②における断面積 S_2，ディフューザ内を流れる流体の密度 ρ に関係するものとする．

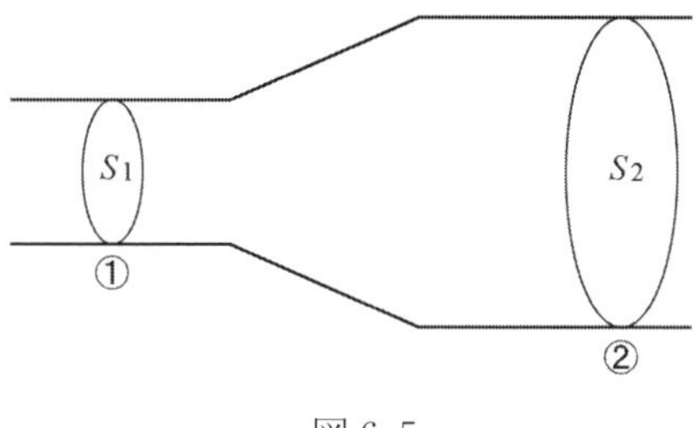

図 6-5

解答[6-17]

関係する物理量の数は 5 個であり，基本次元の数は M，L，T の 3 個であるから，この現象に関係する無次元変数は 2 個である．すなわち，5－3＝2 個となる．これら 2 つの変数を π_1，π_2 とする．

$\pi_1 = \dfrac{S_1}{S_2}$ であることは明らかである．

$$\pi_1 = \Delta P^{x_1} Q^{y_1} S_1^{Z_1} S_2 \quad \rightarrow \quad \pi_1 = \frac{S_2}{S_1}$$

$$\pi_2 = \Delta P^{x_2} Q^{y_2} S_1^{Z_2} \rho \quad \rightarrow \quad \pi_2 = \frac{\rho \times Q^2}{\Delta P \times S_1^2}$$

$$\therefore \quad \Phi(\pi_1, \pi_2) = \Phi\left(\frac{S_2}{S_1}, \frac{\rho \times Q^2}{\Delta P \times S_1^2}\right)$$

上式を π_2 について解くと

$$\frac{\rho \times Q^2}{\Delta P \times S_1^2} = \Phi'\left(\frac{S_2}{S_1}\right)$$

この式を ΔP について解くと

$$\Delta P = \frac{\rho Q^2}{S_1^2} \times \Phi'\left(\frac{S_1}{S_2}\right)$$ となる．

問題[6-18]

雨滴が地表に達するときには一定の速さになっている．仮に雨粒の形がどれも相似であるとすると，粒の大きさと雨滴の終速度の間にはどのような関係があるか．次元解析を用いて調べよ．ただし，ふつうの雨粒が落下するときには，その後ろには渦ができている．

解答[6-18]

雨滴の落下に関係する以下の物理量を考える．

ρ_w＝雨滴の密度，ρ_a＝空気の密度，g＝重力の加速度，l＝雨滴の大きさを表す長さ，v_t＝雨滴の終速度．

これらの変数を構成している基本次元はM，L，Tの 3 個であるから 2 個のπパラメータが存在する．

ρ_a，g，lを繰り返し変数とすると

$\pi_1 = {\rho_a}^{x_1} g^{y_1} l^{z_1} v_t$

$\pi_2 = {\rho_a}^{x_2} g^{y_2} l^{z_2} \rho_w$

が得られる．これらを次元方程式で表すと次のようになる．

$\pi_1 = [M^0L^0T^0] = [ML^{-3}]^{x_1}[LT^{-2}]^{y_1}[L]^{z_1}[LT^{-1}]$

$\pi_2 = [M^0L^0T^0] = [ML^{-3}]^{x_2}[LT^{-2}]^{y_2}[L]^{z_2}[ML^{-3}]$

x_1，y_1，z_1とx_2，y_2，z_2を求めると次のようになる．

$$x_1 = 0, \qquad y_1 = -\frac{1}{2}, \qquad z_1 = -\frac{1}{2}$$

$$x_2 = -1, \qquad y_2 = 0, \qquad z_2 = 0$$

π定理より次式が得られる．

$$\Phi(\pi_1, \pi_2) = \Phi\left(\frac{v_t}{\sqrt{gl}}, \frac{\rho_w}{\rho_a}\right) = 0$$

$$v_t = \Phi'\left(\frac{\rho_w}{\rho_a}\right) \times \sqrt{gl}$$

全ての雨滴に対してρ_w/ρ_aは一定であるので次式を得る．

$$v_t = k\sqrt{l} \quad \rightarrow \quad v_t \propto \sqrt{l}$$

問題[6-19]

図 6-6 に示すように堰を越えて水が流下している．まさつの影響は無く，h はあまり小さくないものと仮定する．このとき，次元解析を用いて，流下する水の流量を与える式を求めよ．関係する物理量は堰の頭を越える水の高さ h，重力加速度 g，堰の単位幅を流下する水の流量 Q/B である．次に，h が 2.3 倍になったら，流下する単位幅あたりの流量 Q/B はいくらになるか．

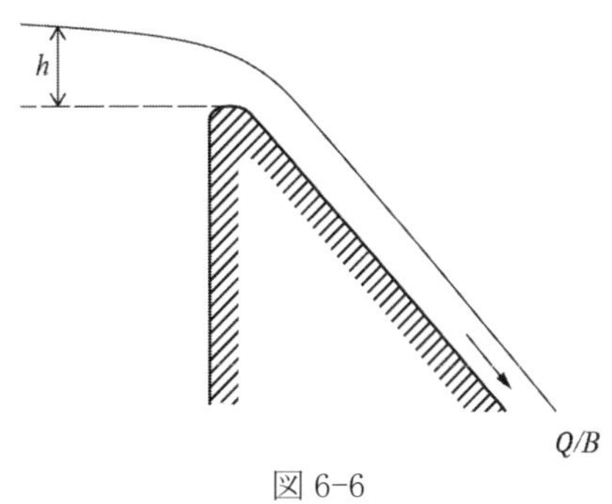

図 6-6

解答[6-19]

3－2＝1 個の π パラメータが存在する．

$$\pi = h^x g^y \left(\frac{Q}{B}\right) = [L]^x[LT^{-2}]^y[L^2T^{-2}]$$

$$[M^0L^0T^0] = [ML^{-3}]^x[LT^{-1}]^y[L]^z[MLT^{-2}]$$

$$\left.\begin{aligned} L\text{について：}\quad & x + y + 2 = 0 \\ T\text{について：}\quad & -2y - 1 = 0 \end{aligned}\right\} \rightarrow \quad \begin{aligned} x &= -\frac{3}{2} \\ y &= -\frac{1}{2} \end{aligned}$$

$$\pi = h^{-\frac{3}{2}}\ g^{-\frac{1}{2}}\ \times \left(\frac{Q}{B}\right) \quad \rightarrow \quad \left(\frac{Q}{B}\right) = kh^{\frac{3}{2}}\ g^{\frac{1}{2}} = k\sqrt{gh^3}$$

$$\frac{\left(\frac{Q}{B}\right)_{\text{実}}}{\left(\frac{Q}{B}\right)_{\text{模}}} = \frac{k\sqrt{g(2.3h)^3}}{k\sqrt{gh^3}} = 3.49\ \text{倍}$$

7章　管路内流れ

問題[7-1]

直径 40 mm の円管内を 20°Cの水が毎分 30 L で流れている．この流れは層流か乱流かを判定せよ．また，20°Cの空気の場合はどうか．ただし，管径，流量は同じとする．さらに，前者の場合，流れを層流とするためには，管径はどのような条件を満たす必要があるか．

解答[7-1]

管内の平均流速 v は，連続の式より，

$$v = \frac{Q}{A} = \frac{Q}{\frac{\pi}{4}d^2} = \frac{30 \times 10^{-3}/60}{\frac{\pi}{4} \times 0.04^2} = 0.3979 \ \ \mathrm{m/s}$$

20°Cの水の動粘度（動粘性係数）は，1.004×10^{-6} $\mathrm{m^2/s}$ であるから，

$$Re = \frac{dv}{\mathrm{\nu}} = \frac{0.04 \times 0.3979}{1.004 \times 10^{-6}} = 15850$$

臨界レイノルズ数 $Re_c = 2320$ より大きいので乱流である．

一方，20℃の空気の動粘度（動粘性係数）は，15.12×10^{-6} $\mathrm{m^2/s}$ であるから，

$$Re = \frac{dv}{\mathrm{\nu}} = \frac{0.04 \times 0.3979}{15.12 \times 10^{-6}} = 1050$$

Re_c よりも小さいので，層流である．

前者の場合，層流とするためには，次の条件を満たす必要がある．

$$Re = \frac{dv}{\mathrm{\nu}} \leq Re_c = 2320$$

ここで，

$$v = \frac{Q}{\frac{\pi}{4}d^2}$$

であるから，代入して

$$Re = \frac{dv}{\nu} = \frac{d\left(\dfrac{Q}{\dfrac{\pi}{4}d^2}\right)}{\nu} = \frac{4Q}{\pi\nu d} \leq Re_c$$

$$d \geq \frac{4Q}{\pi\nu Re_c} = \frac{4 \times 30 \times 10^{-3}/60}{\pi \times 1.004 \times 10^{-6} \times 2320} = 0.273 \text{ m}$$

273 mm 以上の管径が必要である．

問題[7-2]

図 7-1 のように，比重が 0.9 の油を内径 3 mm の水平管に流したところ，流量が 1 分間に 120 cc で，管長 1 m あたりの圧力降下が 20 kPa だった．この油の粘度を求めよ．

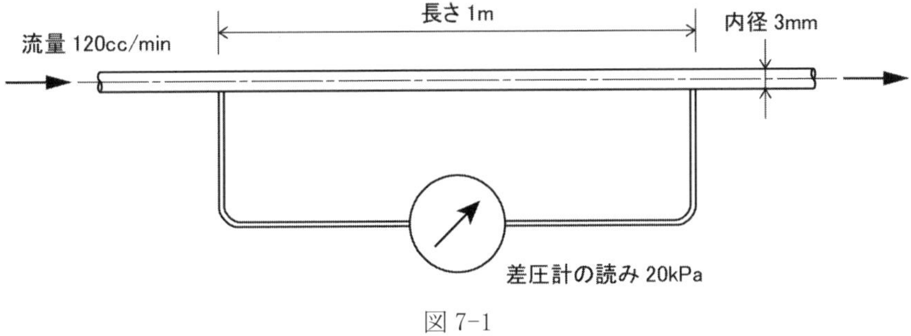

図 7-1

解答[7-2]

油の流量 Q，管断面積 A を用いて，連続の式より管内平均流速 u は次式となる．

$$u = \frac{Q}{A} = \frac{\dfrac{120}{60} \times 10^{-6}}{\dfrac{\pi}{4} \times 0.003^2} = 0.2829 \text{ m/s}$$

細い管の中の流れなので，層流流れを仮定すると，ハーゲン・ポアズイユの法則 $\Delta p = 32\mu lu/d^2$ が成り立つ．これを粘度 μ について整理すると次式を得る．

$$\mu = \frac{\Delta pd^2}{32lu} = \frac{(20 \times 10^3) \times 0.003^2}{32 \times 1 \times 0.283} = 0.0199 \text{ Pa} \cdot \text{s}$$

なお，Re 数を求めると次式となり，この流れは層流であり層流仮定は妥当である．

$$Re = \frac{\rho u d}{\mu} = \frac{900 \times 0.283 \times 0.003}{0.0199} = 38.4 < 2300$$

問題[7-3]

20℃の水が平均流速 $u = 0.3$ m/s で，内径 $d = 100$ mm のなめらかな水平管内を流れている．管長 $l = 10$ m あたりの圧力損失を求めよ．

解答[7-3]

20℃の水の粘性係数と密度はそれぞれ，$\mu = 1.002 \times 10^{-3}$ Pa･s と $\rho = 998.2$ kg/m^3 であるから，この流れのレイノルズ数は，

$$Re = \frac{ud}{(\mu/\rho)} = \frac{\rho u d}{\mu} = \frac{998.2 \times 0.3 \times 0.1}{1.002 \times 10^{-3}} = 2.99 \times 10^4$$

管壁がなめらかで，レイノルズ数が $Re = 3 \times 10^3 \sim 10^5$ の範囲においては，管摩擦係数 λ はブラジウスの式により計算でき，

$$\lambda = 0.3164 Re^{-\frac{1}{4}} = 0.3164 \times (2.99 \times 10^4)^{-\frac{1}{4}} = 0.0241$$

となる．一方，円管内の圧力損失 Δp は，ダルシー・ワイズバッハの式より，

$$\Delta p = \lambda \frac{l}{d} \frac{\rho u^2}{2} = 0.0241 \times \frac{10}{0.1} \times \frac{998.2 \times 0.3^2}{2} = 108.3 \ \ \mathrm{Pa}$$

（この値を損失ヘッド h で表わすと，$h = \Delta p/\rho g = 0.011$ m となる）

問題[7-4]

直径 $d = 30$ mm の引き抜き管（粗さ $\varepsilon = 1.5 \times 10^{-3}$ mm）を 20℃の水（密度 $\rho = 998.2$ kg/m^3，粘度 $\mu = 1.002 \times 10^{-3}$ Pa・s）が質量流量 $Q_m = 80$ kg/min で流れている．単位長さ当たりの圧力損失（圧力勾配）$\Delta p/L$ を求めよ．なお，管摩擦係数 λ はムーディ線図を利用して与えなさい．

解答[7-4]

直管路の圧力(管摩擦)損失 Δp は次のダルシー･ワイズバッハの式で算出できる．

$$\Delta p = \lambda \frac{L}{d} \frac{\rho U^2}{2}$$

上式を圧力勾配 $\Delta p/L$ で書き表せば次式となる.

$$\frac{\Delta p}{L} = \lambda \frac{1}{d} \frac{\rho U^2}{2}$$

ここで, 管路内の平均流速 U は質量流量 Q_m [kg/min]を体積流量 Q [m^3/sec]に変換し, 連続の式から次のように求められる.

$$U = \frac{Q}{A} = \frac{\frac{(Q_m)}{60} \times \frac{1}{\rho}}{\frac{\pi}{4} d^2} = \frac{\frac{80}{60} \times \frac{1}{1000}}{\frac{\pi}{4} \times 0.03^2} = 1.89 \ \ \mathrm{m/s}$$

また, ムーディ線図から管摩擦係数 λ を読み取るために, レイノルズ Re と相対粗度 ε/d を各々求める.

$$Re = \frac{\rho U d}{\mu} = \frac{1000 \times 1.89 \times 0.03}{1.002 \times 10^{-3}} = 56586$$

$$\frac{\varepsilon}{d} = \frac{0.0015}{30} = 5 \times 10^{-5}$$

したがって, ムーディ線図より $\lambda = 0.022$ 程度の値を得る.

(なお, 本書では敢えてムーディ線図を提示していない. 読者の所有する流体関連書やネット上に掲載のムーディ線図から, λ 値を確認しておくことが望ましい.)

よって, 圧力勾配は以下のように求められる.

$$\frac{\Delta p}{L} = \lambda \frac{1}{d} \frac{\rho U^2}{2} = 0.022 \times \frac{1}{0.03} \frac{1000 \times 1.89^2}{2} = 1310 \ \ \mathrm{Pa/m}$$

問題[7-5]

断面が円形と正方形の２つの管路において, 断面積 S, 管の長さ l, 流体の密度 ρ および管摩擦係数 λ が等しいとき, 同じ流量 Q を流すと, 圧力損失 P_f はどれぐらい異なるか.

解答[7-5]

円管の直径 d，正方形管の一辺を a とし，それぞれの断面積を S_c，S_s とすると，

$$S_c = \frac{\pi}{4}d^2 \ , \qquad S_s = a^2$$

$S_c = S_s$であるから，$a = \sqrt{\frac{\pi}{4}}d$の関係がある.

ここで，正方形管の等価直径を求めると次式となる.

$$d_{eq} = 4\frac{a^2}{4a} = a$$

各圧力損失 P_{fc}，P_{fs} は，

$$P_{fc} = \lambda\frac{l}{d}\frac{\rho {v_c}^2}{2}$$

$$P_{fs} = \lambda\frac{l}{a}\frac{\rho {v_s}^2}{2}$$

となるので，その比を求めると，

$$\frac{P_{fs}}{P_{fc}} = \frac{d{v_s}^2}{a{v_c}^2} = \frac{d\frac{Q_s}{a^2}}{a\frac{Q_c}{\frac{\pi}{4}d^2}}$$

$Q_c = Q_s$であるので，

$$\frac{P_{fs}}{P_{fc}} = \frac{\frac{\pi}{4}d^3}{a^3} = \frac{\frac{\pi}{4}d^3}{\left(\sqrt{\frac{\pi}{4}}d\right)^3} = \sqrt{\frac{4}{\pi}} = 1.13$$

この比は，円管と正方形管の周囲の長さの比に等しいことがわかる.

問題[7-6]

円管内の速度分布 u は指数法則により，次のように示される.

$$u(y) = u_{max}\left(\frac{y}{R}\right)^{\frac{1}{n}}$$

ここで，u_{max}は最大流速，y は壁面からの距離である．このとき，管内の平均流速 $\bar{u}$ と最大流速 u_{max} の比 $\bar{u}/u_{max}$ を示せ．

解答[7-6]

円管中心から半径 r（=R−y）の位置に幅 dr の環状領域を考えた時，環状領域を通過する流量 dQ は,

$$dQ = 2\pi r dr \times u(R-r) = 2\pi r dr \times u_{max}\left(\frac{R-r}{R}\right)^{\frac{1}{n}} = 2\pi r dr \times u_{max}\left(1-\frac{r}{R}\right)^{\frac{1}{n}}$$

よって，円管内を通過する全流量 Q は,

$$Q = \int dQ = \int_0^R 2\pi r dr \times u_{max}\left(1-\frac{r}{R}\right)^{\frac{1}{n}} = 2\pi u_{max}\int_0^R \left(1-\frac{r}{R}\right)^{\frac{1}{n}} r dr$$

ここで，$1-r/R = t$とおくと，$r = R(1-t)$ → $dr = -Rdt$ となり，積分範囲は1～0 となる．よって,

$$Q = 2\pi u_{max}\int_1^0 t^{\frac{1}{n}}\ R(1-t)(-Rdt)$$

$$= 2\pi R^2 u_{max}\int_1^0 t^{\frac{1}{n}}\ (t-1)dt = 2\pi R^2 u_{max}\int_1^0 \left(t^{\frac{n+1}{n}} - t^{\frac{1}{n}}\right)dt$$

$$= 2\pi R^2 u_{max}\left[\frac{1}{\left(\frac{n+1}{n}+1\right)}t^{\left(\frac{n+1}{n}+1\right)} - \frac{1}{\left(\frac{1}{n}+1\right)}t^{\left(\frac{1}{n}+1\right)}\right]_1^0$$

$$= 2\pi R^2 u_{max}\left[\frac{n}{2n+1}t^{\left(\frac{2n+1}{n}\right)} - \frac{n}{n+1}t^{\left(\frac{n+1}{n}\right)}\right]_1^0 = 2\pi R^2 u_{max}\left(-\frac{n}{2n+1}+\frac{n}{n+1}\right)$$

$$= 2\pi R^2 u_{max}\left\{\frac{n(2n+1)-n(n+1)}{(n+1)(2n+1)}\right\} = 2\pi R^2 u_{max}\left\{\frac{2n^2+n-n^2-n}{(n+1)(2n+1)}\right\}$$

$$= 2\pi R^2 u_{max}\frac{n^2}{(n+1)(2n+1)}$$

一方，管内の平均流速 $\bar{u}$ を用いると，流量 Q は,

$$Q = \pi R^2 \bar{u}$$

となる．よって，

$$Q=\pi R^2\bar{u}=2\pi R^2 u_{max}\frac{n^2}{(n+1)(2n+1)}$$

$$\frac{\bar{u}}{u_{max}}=\frac{2n^2}{(n+1)(2n+1)}$$

問題[7-7]

内円直径 150 mm，外円直径 300 mm の同心二重円管構造をした熱交換器がある．内外円管の間を，70 ℃の水（お湯）が毎秒 32 リットルで流れている．管長 20 m の間に生じる摩擦圧力損失はいくらか．ただし，70 ℃の水の密度は 978 kg/m^3，粘性係数は 0.404 mPa･s とし，管内面の粗さは 0.26 mm である．管摩擦係数 λ は，ムーディ線図より読み取れ．

解答[7-7]

内円直径を d_1，外円直径を d_2 として，等価直径 d_{eq} を求める．ここで，r_h は水力平均深さ（水力半径），A_p は同心二重円管の断面積，w はその濡れ縁長さを示す．

$$d_{eq}=4r_h=4\times\frac{A_p}{w}=4\times\frac{\frac{\pi}{4}{d_2}^2-\frac{\pi}{4}{d_1}^2}{\pi d_1+\pi d_2}=d_2-d_1=0.3-0.15=0.15\ \ \mathrm{m}$$

内外円管の間の流速は，

$$v=\frac{Q}{\frac{\pi}{4}{d_2}^2-\frac{\pi}{4}{d_1}^2}=\frac{32\times10^{-3}}{\frac{\pi}{4}(0.3^2-0.15^2)}=0.6039\ \ \mathrm{m/s}$$

$$Re=\frac{\rho d_{eq}v}{\mu}=\frac{978\times0.15\times0.6039^2}{0.404\times10^{-3}}=2.19\times10^5$$

臨界レイノルズ数 $Re_c=2320$ より大きいので乱流である．

$$\frac{\varepsilon}{d_{eq}}=\frac{0.26}{150}=0.00173$$

ムーディ線図より，Re および ε/d_{eq} の値から，$\lambda=0.0235$ が得られる．

（なお，本書では敢えてムーディ線図を提示していない．読者の所有する流体関連書やネット上に掲載のムーディ線図から，λ値を確認しておくことが望ましい.）

$$P_f = \lambda \frac{l}{d_{eq}} \frac{\rho v^2}{2} = 0.0235 \times \frac{20}{0.15} \times \frac{978 \times 0.6039^2}{2} = 559 \ \text{Pa}$$

（ヘッドで表すと 0.0583 m）

問題[7-8]

水が十分に入った 250 kPa に加圧された容器の底から，図 7-2 のような配管を用いて，噴水があげられている．このときの噴水の速度と，到達地点の高さを求めよ．ただし，配管の内径は 20 mm，ノズルの内径は 8 mm とする．また，タンク出口部，エルボ部，ノズルの損失係数および配管の管摩擦係数は，それぞれ $\zeta_1 = 0.25$, $\zeta_2 = 1.0$, $\zeta_3 = 1.25$，$\lambda = 0.028$ とする．ノズル噴出後の摩擦損失等は考えないとする．

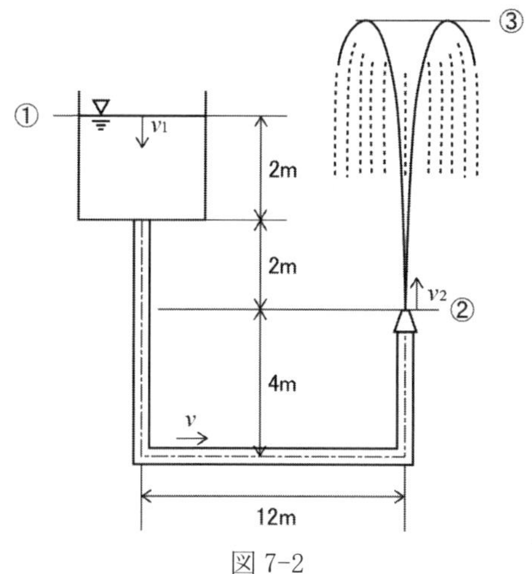

図 7-2

解答[7-8]

タンク水面を断面 1，ノズル出口を断面 2 として，その間に修正ベルヌーイの式を適用すると，

$$\frac{{v_1}^2}{2g} + \frac{p_1}{\rho g} + Z_1 = \frac{{v_2}^2}{2g} + \frac{p_2}{\rho g} + Z_2 + H_t$$

ここで，全損失 H_t は，配管内の速度を v，ノズル出口の速度を v_2 とすると，次のようになる．

$$H_t = \zeta_1 \frac{v^2}{2g} + 2\zeta_2 \frac{v^2}{2g} + \zeta_3 \frac{{v_2}^2}{2g} + \lambda \frac{\sum l_i}{d} \frac{v^2}{2g}$$

$\sum l_i$ は，全管長である．

ここで，タンク水面は管断面に比べ十分に大きいので，

$$v_1 = 0$$

また，大気圧を p_0 とすると，

$$p_1 - p_0 = 250 \ \text{kPa}$$

$$p_2 = p_0$$

$$Z_1 - Z_2 = 4 \ \text{m}$$

したがって，

$$\frac{p_1 - p_0}{\rho g} = Z_2 - Z_1 + \frac{{v_2}^2}{2g} + \frac{v^2}{2g}\left(\zeta_1 + 2\zeta_2 + \lambda \frac{\sum l_i}{d}\right) + \zeta_3 \frac{{v_2}^2}{2g}$$

ここで連続の式より

$$\frac{\pi}{4} d^2 v = \frac{\pi}{4} {d_2}^2 v_2 \quad \rightarrow \quad v = \left(\frac{d_2}{d}\right)^2 v_2$$

$$\frac{p_1 - p_0}{\rho g} + Z_1 - Z_2 = \frac{{v_2}^2}{2g} + \frac{1}{2g}\left(\frac{d_2}{d}\right)^4 {v_2}^2 \left(\zeta_1 + 2\zeta_2 + \lambda \frac{\sum l_i}{d}\right) + \zeta_3 \frac{{v_2}^2}{2g}$$

$$= \frac{{v_2}^2}{2g}\left\{1 + \left(\frac{d_2}{d}\right)^4 \left(\zeta_1 + 2\zeta_2 + \lambda \frac{\sum l_i}{d}\right) + \zeta_3\right\}$$

$$v_2 = \sqrt{\frac{\frac{2}{\rho}(p_1 - p_0) + 2g(Z_1 - Z_2)}{1 + \left(\frac{d_2}{d}\right)^4 \left(\zeta_1 + 2\zeta_2 + \lambda \frac{\sum l_i}{d}\right) + \zeta_3}}$$

$$= \sqrt{\frac{\frac{2}{1000} \times 250 \times 10^3 + 2 \times 9.8 \times 4}{1 + \left(\frac{8}{20}\right)^4 \left(0.25 + 2 \times 1.0 + 0.028 \frac{22}{0.02}\right) + 1.25}} = 13.67 \ \text{m/s}$$

また，噴流の到達地点を点 3 とすると，高さ（Z_3-Z_2）は，ノズル出口と噴流の到達

地点の間に，ベルヌーイの式を立て，

$$\frac{{v_2}^2}{2g}+\frac{p_2}{\rho g}+Z_2=\frac{{v_3}^2}{2g}+\frac{p_3}{\rho g}+Z_3$$

ここで，$p_2 = p_3 = p_0$，噴流の到達地点では，$v_3 = 0$

$$Z_3-Z_2=\frac{{v_2}^2}{2g}=\frac{13.67^2}{2\times 9.8}=9.53\ \ \mathrm{m}$$

問題[7–9]

図 7–3 のような内面が滑らかな長方形ダクト（縦 h ×横 b，アスペクト比 $As = b/h = 2$）を流量 $Q = 60\ \mathrm{m^3/min}$ で密度 $\rho = 1.23\ \mathrm{kg/m^3}$ の空気が流れている．ダクトの長さが $L = 20$ m のとき圧力損失 Δp を 200 Pa 以内に抑えたい．長方形ダクトの最小サイズを求めよ．なお，管摩擦以外の損失は考慮しないものとする．

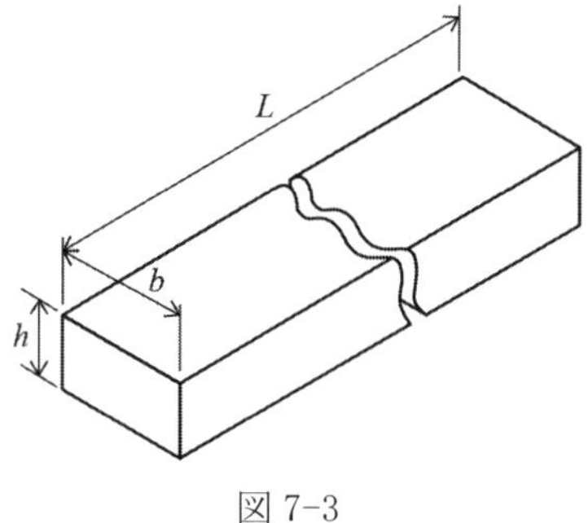

図 7–3

解答[7–9]

等価直径を D_e とすれば，管摩擦損失はダルシー・ワイズバッハの式から次式で表される．

$$\Delta p=\lambda\frac{L}{D_e}\frac{\rho U^2}{2}$$

長方形ダクトの等価円直径 D_e は，面積 $A = h\times b$，濡れ縁長さ $S = 2(h+b)$ および，アスペクト比 $As = b/h$ より次のように表すことができる．

$$D_e = 4\frac{A}{S} = \frac{4hb}{2(h+b)} = \frac{2hAs}{(1+As)}$$

これをダルシー・ワイズバッハの式に代入すれば

$$\Delta p = \lambda\frac{\rho LU^2}{2}\frac{(1+As)}{2hAs}$$

ここで，管路内の平均流速 U は連続の式から次のように与えることができるので，上式は次のように書ける．

$$U = \frac{Q}{A} = \frac{Q}{h\times b} = \frac{Q}{h^2As} \quad \rightarrow \quad \Delta p = \lambda\frac{\rho L}{2}\left(\frac{Q}{h^2As}\right)^2\frac{(1+As)}{2hAs} = \frac{\lambda\rho LQ^2}{4}\frac{(1+As)}{As^3}\frac{1}{h^5}$$

したがって，ダクトの高さ h について上式を変形し必要な数値を代入して求めると

$$h - \left(\frac{\lambda\rho LQ^2}{4\Delta p}\frac{(1+As)}{As^3}\right)^{\frac{1}{5}} - \left(\frac{1.23\times 20\times\left(\frac{60}{60}\right)^2}{4\times 200}\frac{(1+2)}{2^3}\right)^{\frac{1}{5}}\lambda^{\frac{1}{5}} - 0.4096\lambda^{\frac{1}{5}}\ \mathrm{m}$$

ここで，内面が滑らかという条件より，管摩擦係数 λ をブラジウスの式で与えるために，レイノルズ数 Re を求める．

$$Re = \frac{U\cdot D_e}{\nu} = \frac{1}{\nu}\frac{Q}{h^2As}\frac{2hAs}{(1+As)} = \frac{1}{\nu}\frac{2Q}{h(1+As)} = \frac{1}{\nu}\frac{2Q}{h(1+2)} = \frac{2Q}{3\nu h}$$

上式に先に求めたダクトの高さ h を代入すれば

$$Re = \frac{2Q}{3\nu\times 0.4096\lambda^{\frac{1}{5}}}$$

ここでブラジウスの式は $\lambda = 0.3164Re^{-\frac{1}{4}}$ であるから，これを上式に代入すると

$$Re = \frac{2Q}{3\nu\times 0.4096\times\left(0.3164Re^{-\frac{1}{4}}\right)^{\frac{1}{5}}}$$

となる．しかし，両辺にレイノルズ数 Re があるため，解析的に算出することはできない．上式を満足するレイノルズ数 Re を数値解法によって求め，その結果を使いブラジウスの式から管摩擦係数を算出することで h が求められる．

ここでは図 7-4 に示すような表計算ソフトの「ゴールシーク」機能を使い

$$1=\frac{2Q}{3\nu\times0.4096\times\left(0.3164Re^{-\frac{1}{4}}\right)^{\frac{1}{5}}}\times\frac{1}{Re}$$

を満足するように Re 数を求めた例を示す．この例では，B2 セルに Re 数の初期値として 0 以外の適当な数値を与え，上式を B3 セルに入力している．「目標値」は左辺の 1 とし，「変化させるセル」は B2 セルを参照するように設定した．計算結果は B2 セルに上書きされるように表示される．

```
fx =2*1/(3*0.00001512*0.4096*(0.3164/B1^0.25)^(1/5)*B1)
```

	A	B	C	D	E	F
1	*Re*	100				
2	式	1705.885				

ゴールシーク
数式入力セル(E): B2
目標値(V): 1
変化させるセル(C): B1
OK　キャンセル

	A	B	C	D
1	*Re*	252371.4		
2	式	1.000027		

ゴールシーク
セル B2 の収束値を探索しています。
解答が見つかりました。
目標値: 1
現在値: 1.000026587
ステップ(S)　一時停止(P)
OK　キャンセル

図 7-4

計算結果の Re をブラジウスの式に代入して λ を求め，h を算出する．

$\lambda=0.3164Re^{-\frac{1}{4}}=0.3164\times252371^{-\frac{1}{4}}=0.0141$

$h=0.4096\lambda^{\frac{1}{5}}=0.4096\times0.0141^{\frac{1}{5}}=0.175\ \ \mathrm{m}$

よって

$b=As\cdot h=2\times0.175=0.35\ \ \mathrm{m}$

これらの値をもとに，発生する圧力損失を計算すると，

$$U = \frac{Q}{A} = \frac{1}{0.175 \times 0.35} = 16.33 \ \ \mathrm{m/s}$$

$$\Delta p = \lambda \frac{L}{D_e} \frac{\rho U^2}{2} = 0.0141 \times \frac{20}{\dfrac{2 \times 0.175 \times 2}{1 + 2}} \times \frac{1.23 \times 16.33^2}{2} = 198.2 \approx 200 \ \ \mathrm{Pa}$$

となり，正確に求められていることが確認できる．

問題[7-10]

図 7-5 に示す管路で揚水を計画している．モーターへ供給できる電力が 3 kW，モーター効率が 80%，ポンプ効率が 70%であるとき，バルブを全開にしたときに揚水可能な流量 Q を求めよ．ただし，直管の管摩擦係数は $\lambda = 0.03$ とし，その他の管路要素の損失係数は，エルボが $\zeta_E = 1.0$，バルブが $\zeta_V = 5.0$（全開時），フート弁が $\zeta_F = 1.5$ とする．

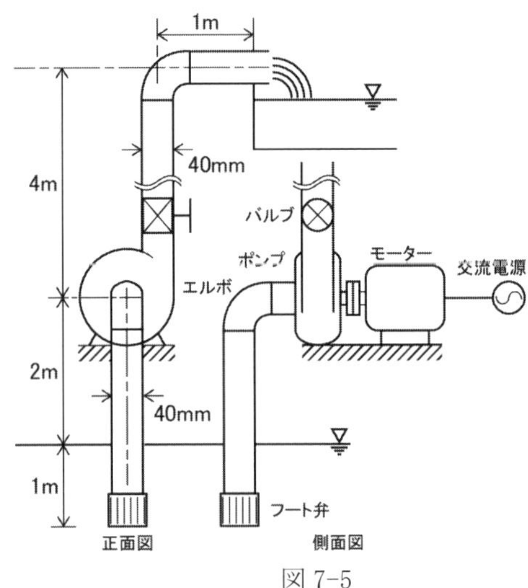

図 7-5

解答[7-10]

下の水面を断面 1，上の管路出口を断面 2 とすれば，ベルヌーイの定理は次式となる．ただし，H はポンプの全揚程を，h_l は管路の総損失ヘッドをそれぞれ表す．

$$z_1 + H = \frac{v^2}{2g} + z_2 + h_l$$

ポンプ動力 L と H の関係は，$L = \rho g Q H$ である．一方，モーターへの入力電力 W とポンプ動力 L の関係は，モーター効率 η_M，ポンプ効率 η_P とすると，$L = \eta_M \eta_P W$ となる．以上より，ポンプの全揚程 H は次式となる．

$$H = \frac{\eta_M \eta_P W}{\rho g Q}$$

計算簡略のため，管路の総損失ヘッド h_l について，損失係数の総和を先に計算しておく．

$$h_l = \left(\lambda \frac{l}{d} + 2\zeta_E + \zeta_V + \zeta_F\right)\frac{v^2}{2g} = \left\{\left(0.03 \times \frac{1+2+4+1}{0.04}\right) + (2 \times 1.0) + 5.0 + 1.5\right\}\frac{v^2}{2g}$$

$$= 14.5\frac{v^2}{2g}$$

また，連続の式より管断面積をA（$A = (\pi/4) \times 0.04^2 = 0.001257\ \ \mathrm{m}^2$）とすると，$v = Q/A$である．以上の条件をベルヌーイの定理に代入し整理すると次の関係式を得る．

$$\frac{\eta_M \eta_P W}{\rho g Q} = z_2 - z_1 + \frac{15.5}{2g}\frac{Q^2}{A^2}$$

$$\frac{0.8 \times 0.7 \times 3000}{1000 \times 9.8 \times Q} = (2+4) + \frac{15.5}{2 \times 9.8} \times \frac{Q^2}{0.001257^2}$$

$$\frac{0.1714}{Q} - 500500Q^2 - 6 = 0$$

左辺を関数 $f(Q)$ と置き，関数電卓を用いて$f(Q) = 0$ となる Q を探索すると，以下の値を得る．

$Q = 0.006426\ \ \mathrm{m}^3/\mathrm{s} = 6.43\ \ \mathrm{L/s}$

問題[7–11]

図 7–6 に示すように，水槽に直径 d = 150 mm の管路が接続されている．このとき，管路から流量 Q = 0.02 m^3/s で流体を流出させるには，管路出口からの水面高さ H をいくら保てばよいか答えよ．ただし，h = 5 m，l_1 = 15 m，l_2 = 40 m，入口損失 ζ_1 = 0.5，エルボ損失 ζ_2 = 0.9，管摩擦係数 λ = 0.02 とする．

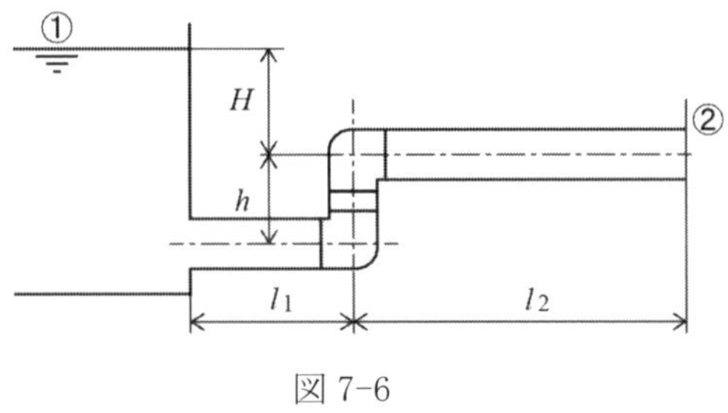

図 7-6

解答[7-11]

点①と点②において，損失を考慮したベルヌーイの式を適用する．

$$\frac{{u_1}^2}{2g}+\frac{p_1}{\rho g}+H=\frac{{u_2}^2}{2g}+\frac{p_2}{\rho g}+\zeta_1\frac{{u_2}^2}{2g}+2\zeta_2\frac{{u_2}^2}{2g}+\lambda\frac{l}{d}\frac{{u_2}^2}{2g}$$

水面は一定であるから $u_1=0$，①と②は同一雰囲気中にあるとすると，$p_1=p_2$

よって，

$$H=\frac{{u_2}^2}{2g}+\zeta_1\frac{{u_2}^2}{2g}+2\zeta_2\frac{{u_2}^2}{2g}+\lambda\frac{l}{d}\frac{{u_2}^2}{2g}=\frac{{u_2}^2}{2g}\left(1+\zeta_1+2\zeta_2+\lambda\frac{l}{d}\right)$$

連続の式より，

$$Q=Au_2=\frac{\pi}{4}d^2u_2 \ \rightarrow \ u_2=\frac{4Q}{\pi d^2}$$

よって，

$$H=\frac{1}{2g}\left(\frac{4Q}{\pi d^2}\right)^2\left(1+\zeta_1+2\zeta_2+\lambda\frac{l_1+h+l_2}{d}\right)$$

$$=\frac{1}{2\times 9.8}\left(\frac{4\times 0.02}{\pi\times 0.15^2}\right)^2\left(1+0.5+2\times 0.9+0.02\frac{15+5+40}{0.15}\right)=0.74\ \text{m}$$

問題[7-12]

屋上に設置された十分に大きなタンクから，サイフォンの原理を利用して，階下に水を送っている．図 7-7 のような配管系において，（1）摩擦圧力損失を無視した場合，（2）摩擦圧力損失を考慮した場合にわけて，管端から流出する体積流量を求めよ．ただし，1 インチ管（内径 25.4 mm）を使用し，管入口部，エルボ，管出口部，管摩擦係数をそれぞれ $\zeta_1 = 0.56$，$\zeta_2 = 0.985$，$\zeta_3 = 1$，$\lambda = 0.20$ とする．

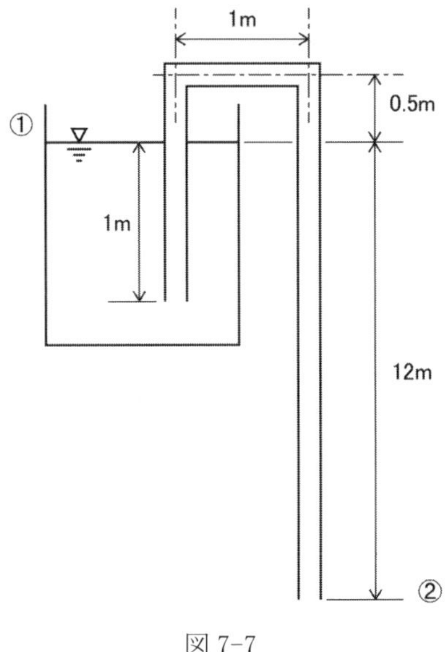

図 7-7

解答[7-12]

（1）摩擦圧力損失を無視する場合

タンク水面を断面 1，管端を断面 2 として，その間にベルヌーイの式を適用すると，

$$\frac{{v_1}^2}{2g} + \frac{p_1}{\rho g} + Z_1 = \frac{{v_2}^2}{2g} + \frac{p_2}{\rho g} + Z_2$$

ここで，タンク水面は管断面に比べ十分に大きいので，

$$v_1 = 0$$

また，大気圧を p_0 とすると，

$$p_1 = p_2 = p_0$$

したがって，

$$Z_1 = \frac{{v_2}^2}{2g} + Z_2$$

$$\therefore v_2 = \sqrt{2g(Z_1 - Z_2)} = \sqrt{2 \times 9.8 \times 12} = 15.3 \text{ m/s}$$

（これをトリチェリの定理という）

したがって，求める体積流量 Q_1 は，

$$Q_1 = A_2 v_2 = \frac{\pi}{4} {d_2}^2 \cdot v_2 = \frac{\pi}{4} \times 0.0254^2 \times 15.3 = 7.75 \times 10^{-3}\ \ \mathrm{m^3/s}$$

（２）摩擦圧力損失を考慮する場合

タンク水面を断面 1，管端を断面 2 として，その間に修正ベルヌーイの式を適用すると，

$$\frac{{v_1}^2}{2g} + \frac{p_1}{\rho g} + Z_1 = \frac{{v_2}^2}{2g} + \frac{p_2}{\rho g} + Z_2 + H_t$$

ここで，全損失 H_t は，次のようになる．

$$H_t = \zeta_1 \frac{{v_2}^2}{2g} + 2\zeta_2 \frac{{v_2}^2}{2g} + \zeta_3 \frac{{v_2}^2}{2g} + \lambda \frac{\sum l_i}{d_2} \frac{{v_2}^2}{2g}$$

$\sum l_i$ は，全管長である．

（１）と同様に，v_1，p_1，p_2 を処理して，v_2 を求めると次式となる．

$$v_2 = \sqrt{\frac{2g(Z_1 - Z_2)}{1 + \zeta_1 + 2\zeta_2 + \zeta_3 + \lambda \dfrac{\sum l_i}{d_2}}}$$

$$= \sqrt{\frac{2 \times 9.8 \times 12}{1 + 0.56 + 2 \times 0.985 + 1 + 0.020 \times \dfrac{1 + 0.5 + 1 + 0.5 + 12}{0.0254}}} = 3.79\ \ \mathrm{m/s}$$

したがって，求める体積流量 Q_2 は，

$$Q_2 = A_2 v_2 = \frac{\pi}{4} {d_2}^2 \cdot v_2 = \frac{\pi}{4} \times 0.0254^2 \times 3.79 = 1.92 \times 10^{-3}\ \ \mathrm{m^3/s}$$

このように，実際の圧力損失を考慮すると，この配管系の場合，体積流量は約 1/4 に減少することがわかる．

参考：ここで，エルボの損失係数 ζ_2 は，次のワイスバッハの滑らかな円管の式より求められている．θ は，エルボの傾き角（度）である．

$$\zeta_2 = 0.946\sin^2\left(\frac{\theta}{2}\right) + 2.047\sin^4\left(\frac{\theta}{2}\right)$$

問題[7-13]

図 7-8 は黒部ダム第 4 発電所における配管の概略を示したものである．このとき，水車に流入する流量 Q を求めよ．また，有効落差 H' を求めよ．ただし，水車からダムまでの管路において，傾斜部の管径および管路長さは，$d_1 = 3.3$ m，$l_1 = 640$ m，水平部の管径および管路長さは $d_2 = 4.8$ m，$l_2 = 10.3$ km，総落差 $H = 472$ m とし（以上の数値は公表値），水車入口部の圧力は，4.35 MPa（ゲージ圧）とする．また，管摩擦係数はそれぞれ $\lambda_1 = 0.009$，$\lambda_2 = 0.01$ とし，管路入口やエルボ部，水車入口部の水平部分の圧力損失は無視してよい．

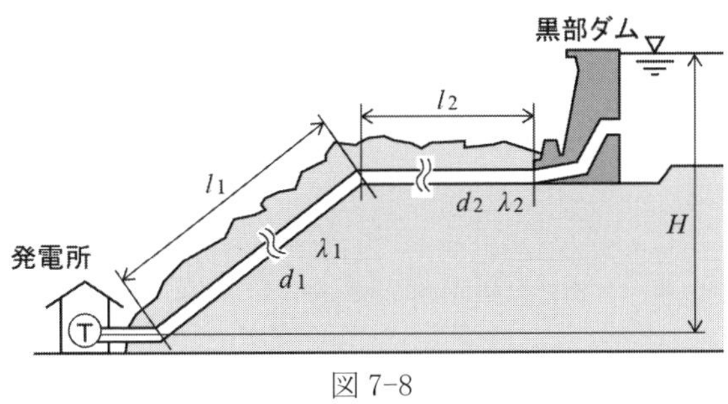

図 7-8

解答[7-13]

水車入口およびダム水面を通る流線に対して，損失を考慮したベルヌーイの式を適用する．水車入口の流速および圧力を u_T，p_T，ダム水面における流速および圧力を u_0，p_0（大気圧）とし，管内の流速を u_1，u_2 として，管内摩擦圧力損失を考慮すると，

$$\frac{{u_T}^2}{2g} + \frac{p_T}{\rho g} = \frac{{u_0}^2}{2g} + \frac{p_0}{\rho g} + H - \lambda_1\frac{l_1}{d_1}\frac{{u_1}^2}{2g} - \lambda_2\frac{l_2}{d_2}\frac{{u_1}^2}{2g}$$

水車入口から傾斜部の管径は等しいから，$u_T = u_1$，ダム水面は一定であるから $u_0 = 0$，

$$\frac{u_T{}^2}{2g}+\frac{p_T}{\rho g}=H-\lambda_1\frac{l_1}{d_1}\frac{u_T{}^2}{2g}-\lambda_2\frac{l_2}{d_2}\frac{u_2{}^2}{2g}$$

さらに，連続の式より，流速 u_T と u_2 の関係は，

$$Q=u_T\frac{\pi}{4}{d_1}^2=u_2\frac{\pi}{4}{d_2}^2$$ より，

$$u_2=\left(\frac{d_1}{d_2}\right)^2u_T$$

よって，ベルヌーイの式は，

$$\frac{u_T{}^2}{2g}+\frac{p_T}{\rho g}=H-\lambda_1\frac{l_1}{d_1}\frac{u_T{}^2}{2g}-\lambda_2\frac{l_2}{d_2}\frac{u_T{}^2}{2g}\left(\frac{d_1}{d_2}\right)^4$$

$$u_T=\sqrt{\frac{2gH-(p_T/\rho g)}{1+\lambda_1\frac{l_1}{d_1}+\lambda_2\frac{l_2}{d_2}\left(\frac{d_1}{d_2}\right)^4}}=\sqrt{\frac{2\times9.8\times472-(2\times4.35\times10^6/1000)}{1+0.009\frac{640}{3.3}+0.01\frac{10.3\times1000}{4.8}\left(\frac{3.3}{4.8}\right)^4}}$$

$$=8.55\ \ \mathrm{m/s}$$

よって，流量 Q は，

$$Q=Au_T=\frac{\pi}{4}{d_1}^2u_T=\frac{\pi}{4}\times3.3^2\times8.55=73.1\ \ \mathrm{m^3/s}$$ （公表値は 72 $\mathrm{m^3/s}$ である）

損失ヘッド h は，

$$h=\lambda_1\frac{l_1}{d_1}\frac{u_T{}^2}{2g}+\lambda_2\frac{l_2}{d_2}\frac{u_T{}^2}{2g}\left(\frac{d_1}{d_2}\right)^4=\frac{u_T{}^2}{2g}\left\{\lambda_1\frac{l_1}{d_1}+\lambda_2\frac{l_2}{d_2}\left(\frac{d_1}{d_2}\right)^4\right\}$$

$$=\frac{8.55^2}{2\times9.8}\left\{0.009\frac{640}{3.3}+0.01\frac{10.3\times1000}{4.8}\left(\frac{3.3}{4.8}\right)^4\right\}=24.39\ \ \mathrm{m}$$

よって，有効落差 H' は，

$$H'=H-h=472-24.39=447.61\ \ \mathrm{m}$$

問題[7-14]

図 7-9 のように，水深 5 m の水槽底部から内径 20 mm の円管が接続されている．円管には，水槽からの距離が 1 m と 7 m の位置に，直径 10mm の孔がそれぞれ開け

られている. 円管の管摩擦係数を 0.03, 管摩擦損失以外の諸損失を無視できるとき, 2 つの穴から噴出する水の速度を求めなさい. 重力加速度を 9.8 m/s² とする.

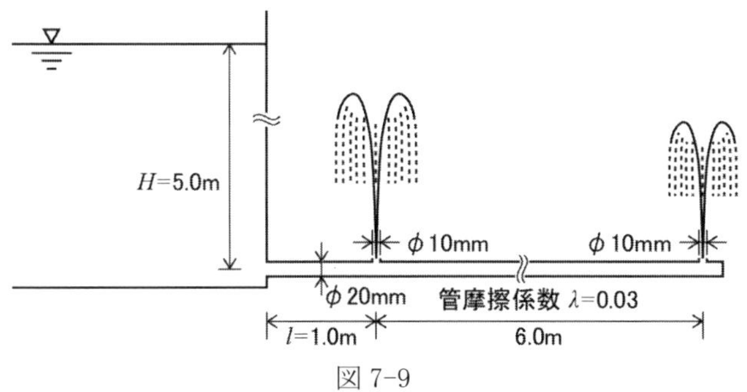

図 7-9

解答[7-14]

水槽の水面を断面 1，水槽から 1m の孔を断面 2，7m の孔を断面 3 とする. そして, 各断面の圧力 p, 速度 v, 位置 z はそれらの文字に添え字を付けて示す. さらに, 水槽の管入口から断面 2 までの管内流速を v_{12}, 断面 2 から断面 3 までの管内流速をを v_{23} とする. また, 管内径を D, 孔径 d とする. このとき, 連続の式より

$$\frac{\pi}{4}D^2 v_{12} = \frac{\pi}{4}d^2 v_2 + \frac{\pi}{4}d^2 v_3 \quad \rightarrow \quad v_{12} = \frac{d^2}{D^2}(v_2 + v_3) \quad \cdots\cdots\cdots ①$$

$$\frac{\pi}{4}D^2 v_{23} = \frac{\pi}{4}d^2 v_3 \quad \rightarrow \quad v_{23} = \frac{d^2}{D^2}v_3 \quad \cdots\cdots\cdots ②$$

直管の損失ヘッドについて, 水槽の管入口から断面 2 までを h_{l1}, 断面 2 から断面 3 までを h_{l2} とすると, ベルヌーイの定理は次式となる.

$$\frac{p_1}{\rho g} + \frac{v_1^2}{2g} + z_1 = \frac{p_2}{\rho g} + \frac{v_2^2}{2g} + z_2 + h_{l1} = \frac{p_3}{\rho g} + \frac{v_3^2}{2g} + z_3 + h_{l2}$$

$p_1 = p_2 = p_3 = 0$（大気圧）, $v_1 = 0$（水面）である. 管中心から水面までの高さを H とし, l＝1m とすると,

$$H = z_1 - z_2 = \frac{v_2^2}{2g} + h_{l1} = \frac{v_2^2}{2g} + \lambda\frac{l}{D}\frac{v_{12}^2}{2g} \quad \cdots\cdots\cdots ③$$

$$H = z_1 - z_3 = \frac{v_3^2}{2g} + h_{l2} = \frac{v_3^2}{2g} + \lambda\frac{l}{D}\frac{v_{12}^2}{2g} + \lambda\frac{6l}{D}\frac{v_{23}^2}{2g} \quad \cdots\cdots\cdots\cdots ④$$

④－③より，

$$v_2 = \left(1 + \lambda\frac{6l}{D}\frac{d^4}{D^4}\right)^{\frac{1}{2}} v_3 = \left(1 + 0.03 \times \frac{6}{0.02}\frac{0.01^4}{0.02^4}\right)^{\frac{1}{2}} v_3 = 1.25v_3$$

①より，$v_{12} = \dfrac{d^2}{D^2}(v_2 + 0.8v_2) = \dfrac{0.01^2}{0.02^2} \times (1 + 0.8) \times v_2 = 0.45v_2$

②より，$v_{23} = \dfrac{d^2}{D^2}v_3 = \dfrac{0.01^2}{0.02^2} \times 0.8 \times v_2 = 0.20v_2$

③より，$\dfrac{v_2^2}{2g} + \lambda\dfrac{l}{D}\dfrac{(0.45v_2)^2}{2g} = H$

$$v_2 = \left(\frac{2gH}{1 + \lambda\frac{l}{D}0.45^2}\right)^{\frac{1}{2}} = \left(\frac{2 \times 9.8 \times 5}{1 + 0.03 \times \frac{1}{0.02} \times 0.45^2}\right)^{\frac{1}{2}} = 8.67 \ \text{m/s}$$

$$v_3 = 0.8v_2 = 0.8 \times 8.67 = 6.94 \ \text{m/s}$$

問題[7-15]

図 7-10(a)のようにタンクの側面に取付けたノズル(損失係数 ζ_{in} = 0.05)から流量 Q の水が流出している．また，タンク上部は大気開放($p_0 = 0$)されており，タンク内の水位 H は一定に保たれている($v_0 = 0$)．このタンクのノズル出口に図 7-10(b)のようなディフューザを取付けたとき流量は Q' となった．このときの流量比 Q'/Q を求めなさい．ただし，ディフューザ流入口（ノズル流出口）面積 A_1 とディフューザ流出部の面積 A_2 の比は 2 であり，ディフューザ部の損失係数は $\zeta_{diff} = 0.25$ とする．さらに，ディフューザ流入口①（ノズル流出口）およびディフューザ流出部②における流速を v_1，v_2，圧力を p_1，p_2 とする．

解答[7-15]

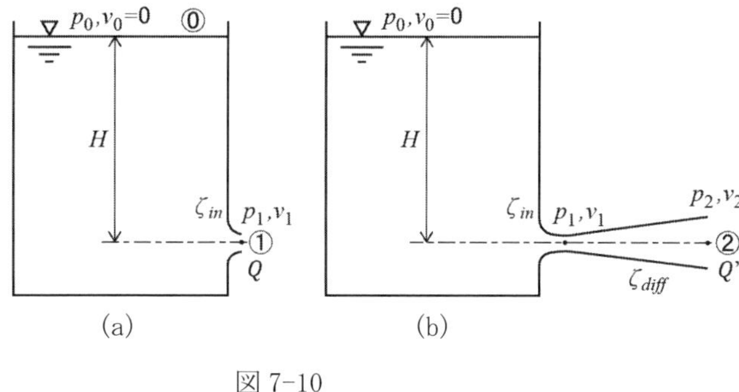

図 7-10

図 7-10(a)について流量 Q を求める．タンク上部の水面⓪とノズル出口①に損失を考慮したベルヌーイの定理を適用すれば，

$$\frac{p_0}{\rho g}+\frac{v_0^2}{2g}+z_0=\frac{p_1}{\rho g}+\frac{v_1^2}{2g}+z_1+\Delta h_1 \quad \cdots\cdots\cdots\cdots\cdots\cdots (1)$$

ここで，$p_0=p_1=$大気圧$=0$，$v_0=0$，ノズル中心を基準面とすれば $z_0=H$，$z_1=0$，またノズル部の圧力損失ヘッドは

$$\Delta h_1=\zeta_{in}\frac{v_1^2}{2g}$$

と表され，式(1)よりノズル出口の流速 v_1，および流量 Q は次のように求められる．

$$\frac{v_1^2}{2g}(1+\zeta_{in})=H \quad \rightarrow \quad v_1=\sqrt{\frac{2gH}{1+\zeta_{in}}}$$

$$Q=A_1v_1=A_1\sqrt{\frac{2gH}{1+\zeta_{in}}}$$ ただし，A_1はノズル流出口面積である．

次にディフューザを取り付けた図 7-10(b)の場合について流量 Q' を求めてみる．同様に⓪と②に損失を考慮したベルヌーイの定理を適用すれば

$$\frac{p_0}{\rho g}+\frac{v_0^2}{2g}+z_0=\frac{p_2}{\rho g}+\frac{v_2^2}{2g}+z_2+\Delta h_2 \quad \cdots\cdots\cdots\cdots\cdots\cdots (2)$$

ここで，$p_0=p_2=$大気圧$=0$，$v_0=0$，ノズル中心を基準面とすれば $z_0=H$，$z_2=0$，ま

たノズル部の圧力損失ヘッドは

$$\Delta h_2 = (\zeta_{in} + \zeta_{diff}) \frac{v_1^2}{2g}$$

となるから，(2)式よりノズル出口の流速 v_1 は次のように求められる．

$$\frac{v_1^2}{2g}(\zeta_{in} + \zeta_{diff}) + \frac{v_2^2}{2g} = H \quad \cdots\cdots\cdots\cdots\cdots\cdots (3)$$

ここで，連続の定理から $A_1 v_1 = A_2 v_2 \ \rightarrow \ v_2 = \frac{A_1}{A_2} v_1$ なので式(3)は

$$\frac{v_1^2}{2g}(\zeta_{in} + \zeta_{diff}) + \left(\frac{A_1}{A_2}\right)^2 \frac{v_1^2}{2g} = H$$

ただし，問題より $\frac{A_1}{A_2} = \frac{1}{2}$ であるから

$$\frac{v_1^2}{2g}(\zeta_{in} + \zeta_{diff}) + \frac{v_1^2}{8g} = H \ \rightarrow \ \frac{v_1^2}{2g}\left(\frac{1}{4} + \zeta_{in} + \zeta_{diff}\right) = H$$

$$v_1 = \sqrt{\frac{2gH}{\frac{1}{4} + \zeta_{in} + 0.25}} = \sqrt{\frac{2gH}{0.5 + \zeta_{in}}}$$

$$Q' = A_1 v_1 = A_1 \sqrt{\frac{2gH}{0.5 + \zeta_{in}}}$$

よって，流量比 Q'/Q は

$$\frac{Q'}{Q} = \frac{A_1 \sqrt{\frac{2gH}{0.5 + \zeta_{in}}}}{A_1 \sqrt{\frac{2gH}{1 + \zeta_{in}}}} = \frac{\sqrt{\frac{1}{0.5 + 0.05}}}{\sqrt{\frac{1}{1 + 0.05}}} = 1.38$$

したがって，ディフューザを付けた方が，流量が増加することがわかる．このようにタンクや，水車，風洞などの流体機械から流体を流出する場合には，流体の持つ速度エネルギーを圧力エネルギーとして回収して有効に使う手段としてディフューザ（吸出し管と呼ばれる）が用いられる場合がある．

問題［7-16］

図 7-11 のように，直径が D の 2 つの円筒形水槽の下部に穴を設け，長さ l 内径 d の円管で連結している．2 つの水槽に水面差が H となるように水を入れて放置する

とき，何秒後に左右の水槽の水位が同じになるか．ただし，円管の摩擦損失係数を λ, 重力加速度を g とし，エネルギー損失は連結管の管摩擦損失のみ考慮すればよい．

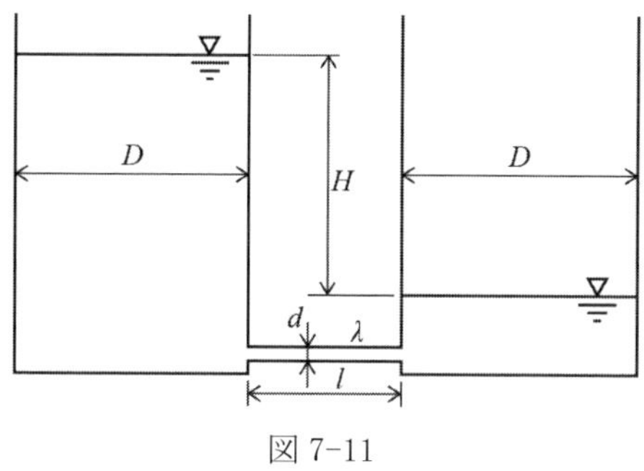

図 7-11

解答［7-16］

水槽の断面積を A，連結管の断面積を a とするとき，連続の式は次式である．

$$av = AV$$

左の水面を断面１，右の水面を断面２とする．両水面について，圧力は大気圧で同じで，断面積は等しいので速度も同じである．連結管内の流速を v とすると，ベルヌーイの定理は次式となる．

$$z_1 = z_2 + \lambda \frac{l}{d}\frac{v^2}{2g}$$

よって，水面の高低差を h（$= z_1 - z_2$）とするとき，任意の h（$0<h<H$）において次式が成り立つ．

$$h = \lambda \frac{l}{d}\frac{v^2}{2g}$$

$$v = \left(\frac{2gd}{\lambda l}\right)^{\frac{1}{2}} h^{\frac{1}{2}}$$

いま，dt 時間で h が dh だけ縮まるとすれば，連続の式より

$$AVdt = -A\frac{dh}{2} \quad \rightarrow \quad dt = -\frac{dh}{2V}$$

ここで，$V = \frac{a}{A}v = \frac{a}{A}\left(\frac{2gd}{\lambda l}\right)^{\frac{1}{2}} h^{\frac{1}{2}}$ なので，

$$dt = -\frac{1}{2}\frac{A}{a}\left(\frac{2gd}{\lambda l}\right)^{-\frac{1}{2}} h^{-\frac{1}{2}} dh$$

$$T = \frac{1}{2}\frac{A}{a}\left(\frac{\lambda l}{2gd}\right)^{\frac{1}{2}} \int_H^0 h^{-\frac{1}{2}} dh = \frac{A}{a}\sqrt{\frac{\lambda lH}{2gd}} = \frac{D^2}{d^2}\sqrt{\frac{\lambda lH}{2gd}}$$

問題[7-17]

管摩擦係数 λ の円管路内を密度 ρ の流体が平均流速 U で流れている．このとき管路内の全圧力と粘性によるせん断力のバランスから，壁面に作用するせん断応力 τ_w が次式で表されることを示しなさい．

$$\tau_w = \lambda\frac{\rho U^2}{8}$$

また，水平に置かれた円管路（内径 $D = 15$ mm）内を水（密度 $\rho = 1000$ kg/m^3）が流れ，2 点間（長さ $L = 8$ m）における管摩擦損失ヘッドが $\Delta h = 950$ mmH$_2$O であるとき，管壁面に作用するせん断応力を求めなさい．

解答[7-17]

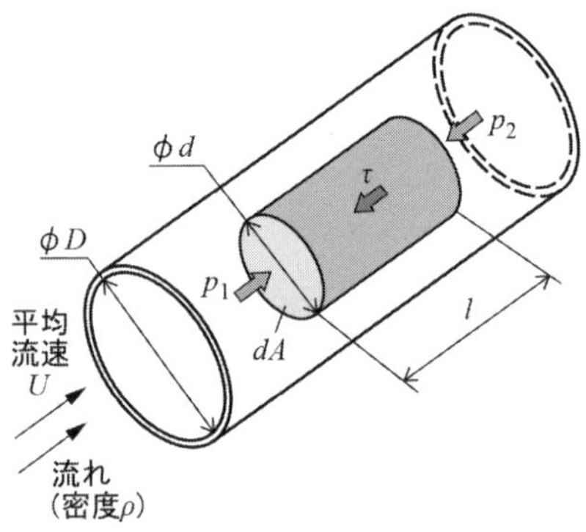

図 7-12

図 7-12 のように流れが定常状態の円管路内に検査体積を取り，これに作用する力のバランスを考える．まず，流れ方向に作用する力は検査体積の上流と下流の圧力差 Δp（$= p_1 - p_2$）にこの圧力が作用する面積 dA（$= \pi d^2/4$）を乗じることで求められる．また，管路内を流れる流体の粘性によるせん断応力により検査体積表面に作用する力は，せん断応力 τ にこれが作用する面積（$\pi d \cdot l$）を乗じて求められる．定常状態（加速度がない状態）で，これらの力がつり合っていることを考えると次式が成立つ．

$$\Delta p \times \frac{\pi}{4} d^2 = \tau \times \pi d \cdot l \quad \rightarrow \quad \tau = \Delta p \frac{d}{4l}$$

したがって，管路内径 D，長さ L の内壁面に作用するせん断応力 τ_w は次式となる．

$$\tau_w = \Delta p \frac{D}{4L}$$

ここで，管路の上下流部に生じる圧力差 Δp（$= p_1 - p_2$）は，管摩擦によるものとすれば，ダルシー・ワイズバッハの式から圧力差（圧力損失）は次式で与えられ，これを上式に入れて整理すれば，せん断応力 τ_w は次のようになる．

$$\Delta p = \lambda \frac{L}{D} \frac{\rho U^2}{2}$$

$$\tau_w = \lambda \frac{L}{D} \frac{\rho U^2}{2} \times \frac{D}{4L} = \lambda \frac{\rho U^2}{8}$$

$D = 15$ mm，$L = 8$ m の管路におけるせん断応力は，圧力損失ヘッド[mmH_2O]を圧力[Pa]に変換し，次式のように求められる．

$$\tau_w = \Delta p \frac{D}{4L} = \rho g \Delta h \frac{D}{4L} = 1000 \times 9.8 \times 0.95 \times \frac{0.015}{4 \times 8} = 4.36 \ \text{Pa}$$

問題[7-18]

図 7-13 のように円管内流れについて，流れが十分発達した層流である場合，管摩擦係数は $\lambda = 64/Re$ で表される．このことを，以下の手順に沿って導け．

(1) 円管と中心軸を共有する，流れ方向長さ dx で半径 r の微小円筒検査体積を考え，力の平衡式からせん断応力 τ を圧力勾配 dp/dx と r によって表せ．

(2) ニュートンの粘性法則と(1)の関係式を連立し，$r = R$ のとき $u = 0$ となる固体壁境界条件を用い，半径方向の速度分布関数 u を求めよ．

(3) 速度分布関数 u から流量 Q を求めてハーゲン・ポアズイユの法則を導き，さらに直管の管摩擦係数 λ を求めよ．

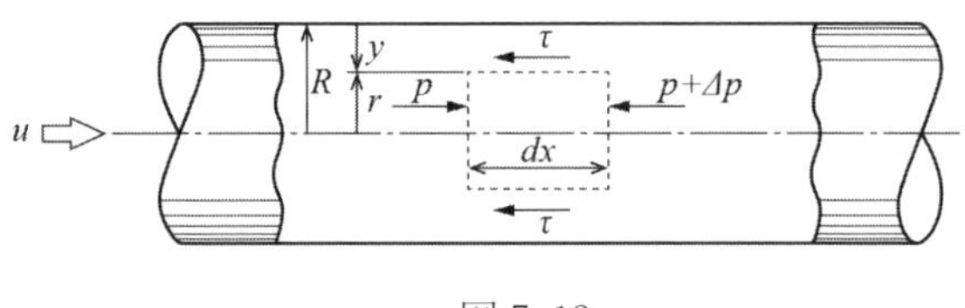

図 7-13

解答[7-18]

(1) 微小円筒検査体積について，力の平衡式は次式となる．

$$p\pi r^2 - \left(p + \frac{dp}{dx}dx\right)\pi r^2 - 2\pi r dx \tau = 0$$

整理すると，τ を得る．

$$\tau = -\frac{dp}{dx}\frac{r}{2}$$

(2) 管壁から中心へ向かう座標を y とする（$y = R - r$，$dy = -dr$）．ニュートンの粘性法則より，

$$\tau = \mu\frac{du}{dy} = -\frac{du}{dr}$$

これを前問(1)で導いた関係式に代入する．

$$\frac{du}{dr} = \frac{1}{\mu}\frac{dp}{dx}\frac{r}{2}$$

r について $r = 0$ から R まで積分する．

$$u = -\frac{1}{4\mu}\frac{dp}{dx}(R^2 - r^2)$$

(3) 円環状の微小面積 $2\pi rdr$ と速度関数 u の積によって求められる流量を $r=0$ から R まで積分すれば，全体の流量が計算できる．

$$Q=\int_0^R u\cdot 2\pi rdr=-\frac{dp}{dx}\frac{\pi R^4}{8\mu}$$

粘性による圧力損失を Δp とし，直管の長さを l とすれば，圧力勾配と圧力損失の関係は次式となる．

$$-\frac{dp}{dx}=\frac{\Delta p}{l}$$

また，$2R=d$ であるから，Q は次式のように変形できる．

$$Q=\frac{\Delta p\pi d^4}{128\mu l}$$

さらに，Δp について解くと，ハーゲン・ポアズイユの法則が導かれる．

$$\Delta p=\frac{128\mu lQ}{\pi d^4}=\frac{32\mu lu}{d^2}$$

一方，直管の損失ヘッドの式より，

$$h_l=\lambda\frac{l}{d}\frac{u^2}{2g}=\frac{\Delta p}{\rho g}=\frac{32\mu lu}{\rho gd^2}=\frac{64}{Re}\frac{l}{d}\frac{u^2}{2g}$$

$$\lambda=\frac{64}{Re}$$

問題[7-19]

なめらかな円管における流速分布において，完全乱流領域のせん断応力が，

$$\tau_0=\rho\kappa^2y^2\left(\frac{du}{dy}\right)^2$$

で示されるとき，速度分布の対数法則として，

$$\frac{u}{u_*}=\frac{1}{\kappa}\ln\frac{yu_*}{\nu}+\left(A-\frac{1}{\kappa}\ln A\right)\qquad A=\frac{\delta u_*}{\nu}$$

を導出せよ．なお，κ，A は定数，y は壁面からの距離，uは速度，u_*は摩擦速度，ν

は動粘度とする．また，粘性底層においては，厚さ δ，粘性応力のみが考慮され，速度分布は直線的であるとする．

解答［7-19］

粘性底層においては粘性応力のみが考慮され，速度分布が直線的であることから，せん断応力は，

$$\tau_0 = \mu\frac{du}{dy} = \mu\frac{u}{y}$$

で示される．

一方，摩擦速度 $u_* = \sqrt{\frac{\tau_0}{\rho}}$ より，$\tau_0 = \rho {u_*}^2 = \mu\frac{u}{y}$

よって，粘性底層の速度分布は，

$$\frac{u}{u_*} = \frac{\rho}{\mu}yu_* = \frac{yu_*}{\nu} \quad \cdots\cdots\cdots\cdots\cdots\text{①}$$

となる．問題より，

$$\tau_0 = \rho\kappa^2y^2\left(\frac{du}{dy}\right)^2 \quad\to\quad \frac{\tau_0}{\rho\kappa^2y^2} = \left(\frac{du}{dy}\right)^2 \quad\to\quad \frac{{u_*}^2}{\kappa^2y^2} = \left(\frac{du}{dy}\right)^2 \quad\to\quad \frac{du}{dy} = \frac{u_*}{\kappa y}$$

積分すると，

$$u = \frac{u_*}{\kappa}\ln y + C \quad\to\quad \frac{u}{u_*} = \frac{1}{\kappa}\ln y + C \quad \cdots\cdots\cdots\cdots\cdots\text{②}$$

粘性底層と完全乱流領域の遷移点は $y = \delta$ であり，そのときの速度を $u = U$ とすると，①より，

$$\frac{U}{u_*} = \frac{\delta u_*}{\nu} = A \quad \cdots\cdots\cdots\cdots\cdots\text{③}$$

②においても同様に，

$$\frac{U}{u_*} = \frac{1}{\kappa}\ln\delta + C \quad \cdots\cdots\cdots\cdots\cdots\text{④}$$

よって，③，④より，

$$A = \frac{1}{\kappa}\ln\delta + C \quad \rightarrow \quad C = A - \frac{1}{\kappa}\ln\delta$$

②に代入

$$\frac{u}{u_*} = \frac{1}{\kappa}\ln y + A - \frac{1}{\kappa}\ln\delta = \frac{1}{\kappa}\ln\frac{y}{\delta} + A$$

さらに，③より，

$$\delta = \frac{A\nu}{u_*}$$

よって，

$$\frac{u}{u_*} = \frac{1}{\kappa}\ln\frac{y}{(\nu A/u_*)} + A = \frac{1}{\kappa}\ln\frac{yu_*}{\nu A} + A = \frac{1}{\kappa}\ln\frac{yu_*}{\nu} + \left(A - \frac{1}{\kappa}\ln A\right)$$

なお，ニクラゼにより，$\kappa = 0.4$，$\left(A - \frac{1}{\kappa}\ln A\right) = 5.5$ が与えられており

$$\frac{u}{u_*} = 5.5 + 5.75\log\left(\frac{yu_*}{\nu}\right)$$

となる．これを速度分布の対数法則という．

8 章　境界層

問題[8-1]

無風の中を時速 80 km/h で滑空しているグライダーがある．翼面を平板と仮定し，平板上に発達する境界層が層流から乱流へと遷移する臨界レイノルズ数を $Re_c = 5\times10^5$ とするとき，層流境界層の領域は翼前縁からどれだけの距離 x までか求めよ．ただし空気の動粘性係数 ν は 1.5×10^{-5} m²/s とする．

解答[8-1]

$Re_x = Ux/\nu \leq Re_c$ より

$$x \leq \frac{\nu}{U} Re_c = \frac{1.5 \times 10^{-5}}{\left(\frac{80 \times 10^3}{60 \times 60}\right)} \times 5 \times 10^5 = 0.338 \text{ m}$$

問題[8-2]

一様流速を U, 壁からの距離を y, 境界層の厚さを δ, 境界層内の流速を $u(y)$とし，$u(y)$が

(1) $$\frac{u(y)}{U} = 2\frac{y}{\delta} - \left(\frac{y}{\delta}\right)^2 \qquad 0 \leq y \leq \delta$$

(2) $$\frac{u(y)}{U} = 2\frac{y}{\delta} - 2\left(\frac{y}{\delta}\right)^3 + \left(\frac{y}{\delta}\right)^4 \qquad 0 \leq y \leq \delta$$

(3) $$\frac{u(y)}{U} = \left(\frac{y}{\delta}\right)^{\frac{1}{7}} \qquad 0 \leq y \leq \delta$$

で与えられるとき，$\delta = 9$ mm として，境界層の排除厚さ δ^*と運動量厚さ θ をそれぞれ求めよ．

解答[8-2]

(1) $$\delta^* = \int_0^\delta \left\{1 - \frac{u(y)}{U}\right\} dy = \int_0^\delta \left[1 - \left\{2\frac{y}{\delta} - \left(\frac{y}{\delta}\right)^2\right\}\right] dy = \frac{1}{3}\delta = 3 \text{ mm}$$

$$\theta = \int_0^\delta \frac{u(y)}{U}\left\{1 - \frac{u(y)}{U}\right\} dy$$

$$= \int_0^\delta \left\{2\frac{y}{\delta} - \left(\frac{y}{\delta}\right)^2\right\}\left[1 - \left\{2\frac{y}{\delta} - \left(\frac{y}{\delta}\right)^2\right\}\right] dy = \frac{2}{15}\delta = 1.2 \text{ mm}$$

(2) $\delta^* = \int_0^\delta \left\{1 - \frac{u(y)}{U}\right\} dy = \int_0^\delta \left[1 - \left\{2\frac{y}{\delta} - 2\left(\frac{y}{\delta}\right)^3 + \left(\frac{y}{\delta}\right)^4\right\}\right] dy = \frac{3}{10}\delta = 2.7 \text{ mm}$

$$\theta = \int_0^\delta \frac{u(y)}{U}\left\{1 - \frac{u(y)}{U}\right\} dy$$

$$= \int_0^\delta \left\{2\frac{y}{\delta} - 2\left(\frac{y}{\delta}\right)^3 + \left(\frac{y}{\delta}\right)^4\right\}\left[1 - \left\{2\frac{y}{\delta} - 2\left(\frac{y}{\delta}\right)^3 + \left(\frac{y}{\delta}\right)^4\right\}\right] dy = \frac{37}{315}\delta = 1.1 \text{ mm}$$

(3) $\delta^* = \int_0^\delta \left\{1 - \frac{u(y)}{U}\right\} dy = \int_0^\delta \left[1 - \left\{\left(\frac{y}{\delta}\right)^{\frac{1}{7}}\right\}\right] dy = \frac{1}{8}\delta = 1.1 \text{ mm}$

$$\theta = \int_0^\delta \frac{u(y)}{U}\left\{1 - \frac{u(y)}{U}\right\} dy = \int_0^\delta \left\{\left(\frac{y}{\delta}\right)^{\frac{1}{7}}\right\}\left[1 - \left\{\left(\frac{y}{\delta}\right)^{\frac{1}{7}}\right\}\right] dy = \frac{7}{72}\delta = 0.88 \text{ mm}$$

別解：

(1) $\eta = y/\delta$とし，$\frac{u(y)}{U} = 2\eta - \eta^2, \quad \delta d\eta = dy, \quad 0 \le \eta \le 1$ より

$$\delta^* = \int_0^\delta \left\{1 - \frac{u(y)}{U}\right\} dy = \int_0^1 \{1 - (2\eta - \eta^2)\}\delta d\eta = \frac{1}{3}\delta = 3 \text{ mm}$$

$$\theta = \int_0^\delta \frac{u(y)}{U}\left\{1 - \frac{u(y)}{U}\right\} dy = \int_0^1 \{2\eta - \eta^2\}[1 - \{2\eta - \eta^2\}]\delta d\eta = \frac{2}{15}\delta = 1.2 \text{ mm}$$

(2) (1)と同様に $\frac{u(y)}{U} = 2\eta - 2\eta^3 + \eta^4, \quad \delta d\eta = dy, \quad 0 \le \eta \le 1$ より

$$\delta^* = \int_0^\delta \left\{1 - \frac{u(y)}{U}\right\} dy = \int_0^1 [1 - \{2\eta - 2\eta^3 + \eta^4\}] dy = \frac{3}{10}\delta = 2.7 \text{ mm}$$

$$\theta = \int_0^\delta \frac{u(y)}{U}\left\{1 - \frac{u(y)}{U}\right\} dy$$

$$= \int_0^1 \{2\eta - 2\eta^3 + \eta^4\}[1 - \{2\eta - 2\eta^3 + \eta^4\}]dy = \frac{37}{315}\delta = 1.1 \text{ mm}$$

(3)　(1)と同様に $\dfrac{u(y)}{U} = \eta^{\frac{1}{7}}$,　$\delta d\eta = dy$,　$0 \leq \eta \leq 1$ より

$$\delta^* = \int_0^\delta \left\{1 - \frac{u(y)}{U}\right\} dy = \int_0^1 \left[1 - \eta^{\frac{1}{7}}\right] dy = \frac{1}{8}\delta = 1.1 \text{ mm}$$

$$\theta = \int_0^\delta \frac{u(y)}{U}\left\{1 - \frac{u(y)}{U}\right\} dy = \int_0^1 \eta^{\frac{1}{7}}\left[1 - \eta^{\frac{1}{7}}\right] dy = \frac{7}{72}\delta = 0.88 \text{ mm}$$

問題[8-3]

層流境界層の境界層厚さ δ，排除厚さ δ^*，運動量厚さ θ として，ブラジウスの厳密解は

$$\delta = 5.0\sqrt{\frac{\nu x}{U}} \ ,\qquad \delta^* = 1.72\sqrt{\frac{\nu x}{U}} \ ,\qquad \theta = 0.664\sqrt{\frac{\nu x}{U}}$$

と表される．いま，長さ $l = 1.2$ m の薄い平板を，速度 $U = 3.0$ m/s の空気流中に平行に置いたところ，平板上全面で層流境界層となった．平板後縁に達したときの境界層厚さ δ，排除厚さ δ^*，運動量厚さ θ の値を求めよ．ただし空気の動粘性係数 ν は 1.5×10^{-5} m^2/s とする．

解答[8-3]

$$\delta = 5.0\sqrt{\frac{\nu x}{U}} = 5.0 \times \sqrt{\frac{1.5 \times 10^{-5} \times 1.2}{3}} = 12.25 \times 10^{-3} \text{ m} = 12.3 \text{ mm}$$

$$\delta^* = 1.72\sqrt{\frac{\nu x}{U}} = 1.72 \times \sqrt{\frac{1.5 \times 10^{-5} \times 1.2}{3}} = 4.213 \times 10^{-3} \text{ m} = 4.21 \text{ mm}$$

$$\theta = 0.664\sqrt{\frac{\nu x}{U}} = 0.664 \times \sqrt{\frac{1.5 \times 10^{-5} \times 1.2}{3}} = 1.626 \times 10^{-3} \text{ m} = 1.63 \text{ mm}$$

別解：

$$\delta^* = 1.72\sqrt{\frac{\nu x}{U}} = 0.344\delta = 4.213 \times 10^{-3}\ \ \mathrm{m} = 4.21\ \ \mathrm{mm}$$

$$\theta = 0.664\sqrt{\frac{\nu x}{U}} = 0.1328\delta = 1.626 \times 10^{-3}\ \ \mathrm{m} = 1.63\ \ \mathrm{mm}$$

問題[8–4]

平板上の層流境界層内の流速分布 $u(y)$ を，２次多項式

$$\frac{u(y)}{U} = a + b\left(\frac{y}{\delta}\right) + c\left(\frac{y}{\delta}\right)^2 \qquad 0 \leq y \leq \delta$$

によって表すとき，a，b，c の値を求めよ．ただし，U は主流速度，y は壁からの距離，δ は境界層の厚さである．

解答[8–4]

境界条件として，

(1)　$y = 0$ で $u = 0$

(2)　$y = \delta$ で $u = U$

(3)　$y = \delta$ で $\partial u/\partial y = 0$

を用いる．

(1)　$y = 0$ で $u = 0$ より

$$\frac{u(0)}{U} = a + b\left(\frac{0}{\delta}\right) + c\left(\frac{0}{\delta}\right)^2$$

$$\therefore a = 0$$

(2)　$y = \delta$ で $u = U$ より

$$\frac{u(\delta)}{U} = a + b\left(\frac{\delta}{\delta}\right) + c\left(\frac{\delta}{\delta}\right)^2$$

$$\therefore a + b + c = 1$$

(3)　$y = \delta$ で $\partial u/\partial y = 0$ より

$$\frac{\partial u(y)}{\partial y}=\frac{\partial}{\partial y}\left[U\left\{a+b\left(\frac{y}{\delta}\right)+c\left(\frac{y}{\delta}\right)^2\right\}\right]=U\left\{\frac{1}{\delta}b+\frac{2}{\delta}c\left(\frac{y}{\delta}\right)\right\}$$

$$\left.\frac{\partial u(y)}{\partial y}\right|_{y=\delta}=0=U\left\{\frac{1}{\delta}b+\frac{2}{\delta}c\left(\frac{\delta}{\delta}\right)\right\}=U\left\{\frac{1}{\delta}b+\frac{2}{\delta}c\right\}$$

$$\therefore b+2c=0$$

以上を連立して

$$\therefore a=0,\qquad b=2,\qquad c=-1$$

すなわち

$$\frac{u(y)}{U}=2\frac{y}{\delta}-\left(\frac{y}{\delta}\right)^2$$

問題[8-5]

定常非圧縮2次元流れにおいて，主流速度 U が流れ方向 x によって変化し，圧力勾配が存在するとして，境界層方程式を境界層厚さ方向に積分して運動量積分方程式を導出せよ．

解答[8-5]

x 方向の境界層方程式は

$$\frac{\partial u}{\partial t}+u\frac{\partial u}{\partial x}+v\frac{\partial u}{\partial y}=-\frac{1}{\rho}\frac{\partial p}{\partial x}+\nu\frac{\partial^2 u}{\partial y^2}$$

定常流れであるので$\partial u/\partial t=0$．ベルヌーイの定理を x に関して微分した

$$\frac{1}{\rho}\frac{dp}{dx}=-\frac{d}{dx}\left(\frac{U^2}{2}\right)=-U\frac{dU}{dx}$$

を代入すると

$$u\frac{\partial u}{\partial x}+v\frac{\partial u}{\partial y}=U\frac{dU}{dx}+\nu\frac{\partial^2 u}{\partial y^2}$$

$$u\frac{\partial u}{\partial x}+v\frac{\partial u}{\partial y}-U\frac{dU}{dx}=\nu\frac{\partial^2 u}{\partial y^2}=\frac{1}{\rho}\frac{\partial \tau}{\partial y}\quad\cdots\cdots\cdots\cdots (1)$$

境界条件を $y=0$ で $u=v=0$，$y=h$ で $u=U$ とし，式(1)を境界層外側の $y=h$（$h>\delta$）まで y 方向に積分すると，

$$\int_0^h \left(u\frac{\partial u}{\partial x} + v\frac{\partial u}{\partial y} - U\frac{dU}{dx} \right) dy = \frac{1}{\rho}\int_0^h \frac{\partial \tau}{\partial y} dy = \frac{1}{\rho}(\tau_h - \tau_0) = -\frac{\tau_0}{\rho} \quad \cdots\cdots\cdots\cdots\cdots\cdots (2)$$

ここで，$y=h$ では主流の中であるため，$\tau_h=0$ である．

一方，連続の式

$$u\frac{\partial u}{\partial x} + v\frac{\partial u}{\partial y} = 0$$

から

$$v_h = -\int_0^h \frac{\partial u}{\partial x} dy \quad \cdots\cdots\cdots\cdots\cdots\cdots (3)$$

式(2)の左辺の第 2 項を部分積分すると

$$\int_0^h v\frac{\partial u}{\partial y} dy = [vu]_0^h - \int_0^h \frac{\partial v}{\partial y} u\, dy$$

ここで境界条件より $y=0$ で $u=v=0$，$y=h$ で $u=U$，

連続の式より$\partial v/\partial y = -\partial u/\partial x$，さらに式(3)より

$$\int_0^h v\frac{\partial u}{\partial y} dy = -U\int_0^h \frac{\partial u}{\partial x} dy + \int_0^h u\frac{\partial u}{\partial x} dy$$

これを式(2)の左辺に代入して整理すると，

$$\int_0^h \left(u\frac{\partial u}{\partial x} + v\frac{\partial u}{\partial y} - U\frac{dU}{dx} \right) dy = \int_0^h u\frac{\partial u}{\partial x} dy + \int_0^h v\frac{\partial u}{\partial y} dy - \int_0^h U\frac{dU}{dx} dy$$

$$= \int_0^h u\frac{\partial u}{\partial x} dy - U\int_0^h \frac{\partial u}{\partial x} dy + \int_0^h u\frac{\partial u}{\partial x} dy - \int_0^h U\frac{dU}{dx} dy$$

$$= \int_0^h \frac{\partial (u^2)}{\partial x} dy - U\int_0^h \frac{\partial u}{\partial x} dy - \int_0^h U\frac{dU}{dx} dy$$

ここで

$$\int_0^h \frac{\partial (u^2)}{\partial x} dy = \frac{d}{dx}\int_0^h u^2\, dy - U^2\frac{d\delta}{dx}$$

$$U\int_0^h \frac{\partial u}{\partial x}dy = U\frac{d}{dx}\int_0^h u\,dy - U^2\frac{d\delta}{dx}$$

よって

$$\int_0^h \frac{\partial(u^2)}{\partial x}dy - U\int_0^h \frac{\partial u}{\partial x}dy - \int_0^h U\frac{dU}{dx}dy = \frac{d}{dx}\int_0^h u^2\,dy - U\frac{d}{dx}\int_0^h u\,dy - \int_0^h U\frac{dU}{dx}dy$$

$$= \frac{d}{dx}\int_0^h u^2\,dy - \left\{\frac{d}{dx}U\int_0^h u\,dy - \frac{dU}{dx}\int_0^h u\,dy\right\} - \int_0^h U\frac{dU}{dx}dy$$

$$= \frac{d}{dx}\int_0^h u^2\,dy - \frac{d}{dx}\int_0^h Uu\,dy + \frac{dU}{dx}\int_0^h u\,dy - \int_0^h U\frac{dU}{dx}dy$$

$$= \frac{d}{dx}\int_0^h \{u(u-U)\}\,dy + \frac{dU}{dx}\int_0^h (u-U)\,dy$$

したがって式(2)は

$$\frac{\tau_0}{\rho} = \frac{d}{dx}\int_0^h \{u(U-u)\}\,dy + \frac{dU}{dx}\int_0^h (U-u)\,dy$$

となる.

なお，排除厚さ δ^*，運動量厚さ θ の式

$$\int_0^\delta (U-u)\,dy = U\delta^*, \qquad \int_0^\delta \{u(U-u)\}\,dy = U^2\theta$$

を用いると

$$\frac{\tau_0}{\rho} = \frac{d}{dx}(U^2\theta) + \delta^* U\frac{dU}{dx}$$

または

$$\frac{\tau_0}{\rho} = U^2\frac{d\theta}{dx} + (2\theta + \delta^*)U\frac{dU}{dx}$$

となる.

問題[8-6]

幅 b，長さ l の平板が流れに平行に置かれている．平板に沿う層流の速度分布が

(1) $\dfrac{u(y)}{U} = \dfrac{y}{\delta}$

(2) $\dfrac{u(y)}{U} = 2\dfrac{y}{\delta} - \left(\dfrac{y}{\delta}\right)^2$

ただし $0 \le y \le \delta$

で与えられるとき，運動量積分方程式

$$\tau_0 = \rho U^2 \frac{d\theta}{dx} + \rho(2\theta + \delta^*)U\frac{dU}{dx}$$

を使って，境界層厚さδ，平板が受ける摩擦抵抗 D_f，摩擦抵抗係数 C_f を，それぞれ求めよ．なお U は主流速度，x は平板に沿う方向，y は壁からの距離，ρ は流体の密度，δ^*，θ はそれぞれ境界層の排除厚さ，運動量厚さである．

解答[8–6]

(1) 平板上では $dU/dx=0$ となるので，運動量積分方程式は

$$\frac{d\theta}{dx} = \frac{\tau_0}{\rho U^2} \quad \cdots\cdots\cdots\cdots\cdots\cdots (1)$$

ここで $u/U = y/\delta = \eta$ とすると，$dy = \delta d\eta$ ，積分範囲 0～η～1 となり，運動量厚さ θ は

$$\theta = \int_0^\infty \frac{u}{U}\left(1 - \frac{u}{U}\right) dy = \delta\int_0^1 \eta(1-\eta)d\eta = \frac{1}{6}\delta$$

と求められる．よって式(1)は

$$\frac{1}{6}\frac{d\delta}{dx} = \frac{\tau_0}{\rho U^2} \quad \cdots\cdots\cdots\cdots\cdots\cdots (2)$$

ニュートンの粘性法則よりせん断応力τ_0は

$$\tau_0 = \mu\left(\frac{\partial u}{\partial y}\right)_{y=0} = \mu\left(\frac{\partial \eta}{\partial y}\frac{\partial u}{\partial \eta}\right)_{y=0} = \mu\frac{1}{\delta}\left(\frac{\partial u}{\partial \eta}\right)_{\eta=0} = \mu\frac{U}{\delta}\left[\frac{\partial\left(\frac{u}{U}\right)}{\partial \eta}\right]_{\eta=0} = \mu\frac{U}{\delta} \quad \cdots\cdots\cdots\cdots\cdots (3)$$

式(2)，(3)よりτ_0を消去すると

$$\frac{1}{6}\frac{d\delta}{dx} = \frac{1}{\rho U^2}\mu\frac{U}{\delta}$$

$$\delta\frac{d\delta}{dx} = 6\frac{\mu}{\rho U}$$

両辺を積分し，$x=0$ のとき $\delta=0$ より

$$\delta = \sqrt{12\frac{\mu x}{\rho U}} = 3.464\frac{x}{\sqrt{Re}} \quad \cdots\cdots\cdots\cdots\cdots\cdots (4)$$

任意の位置 x における壁面せん断応力τ_0は，式(2)より

$$\tau_0 = \frac{1}{6}\rho U^2\frac{d\delta}{dx} = \sqrt{\frac{1}{3}\frac{1}{Re}}\frac{\rho U^2}{2} = 0.577\frac{1}{\sqrt{Re}}\frac{\rho U^2}{2}$$

よって，$x=l$ までの摩擦抵抗 D_f は

$$D_f = b\int_0^l \tau_0 dx$$

であるから，τ_0の値を上式に代入すると

$$D_f = b\int_0^l 0.577\frac{1}{\sqrt{Re}}\frac{\rho U^2}{2}dx = 0.577b\frac{\rho U^2}{2}\int_0^l \sqrt{\frac{\nu}{Ux}}dx = 1.15\frac{1}{\sqrt{Re}}\frac{\rho U^2}{2}bl$$

さらに，摩擦抵抗係数 C_f は

$$C_f = \frac{D_f}{\frac{1}{2}\rho U^2 bl} = \frac{1.15}{\sqrt{Re}}$$

(2) 平板上の運動量積分方程式

$$\frac{d\theta}{dx} = \frac{\tau_0}{\rho U^2} \quad \cdots\cdots\cdots\cdots\cdots\cdots (1)$$

$\eta=y/\delta$ とすると，運動量厚さ θ は

$$\theta = \int_0^\infty \frac{u(y)}{U}\left(1-\frac{u(y)}{U}\right)dy = \delta\int_0^1 (2\eta-\eta^2)\{1-(2\eta-\eta^2)\}d\eta = \frac{2}{15}\delta$$

よって式(1)は

$$\frac{2}{15}\frac{d\delta}{dx}=\frac{\tau_0}{\rho U^2} \quad \cdots\cdots\cdots\cdots\cdots\cdots (2)$$

また平板のせん断応力τ_0は,

$$\tau_0=\mu\left(\frac{\partial u}{\partial y}\right)_{y=0}=\mu\frac{U}{\delta^2}(2\delta-2y)_{y=0}=2\mu\frac{U}{\delta} \quad \cdots\cdots\cdots\cdots\cdots\cdots (3)$$

式(2), (3)の値を式(1)に代入すると

$$\frac{2}{15}\frac{d\delta}{dx}=\frac{2\mu}{\rho U^2}\frac{U}{\delta}$$

$$\delta\frac{d\delta}{dx}=15\frac{\mu}{\rho U}$$

両辺を積分し, $x=0$ のとき $\delta=0$ より

$$\delta=\sqrt{30\frac{\mu x}{\rho U}}=5.48\frac{x}{\sqrt{Re}}$$

任意の位置 x における壁面せん断応力τ_0は, 式(2)より

$$\tau_0=\frac{2}{15}\rho U^2\frac{d\delta}{dx}=\sqrt{\frac{8}{15}\frac{1}{Re}}\frac{\rho U^2}{2}=0.730\frac{1}{\sqrt{Re}}\frac{\rho U^2}{2}$$

よって, $x=l$ までの摩擦抵抗 D_f は

$$D_f=b\int_0^l \tau_0 dx$$

であるから, τ_0の値を上式に代入すると

$$D_f=b\int_0^l 0.730\frac{1}{\sqrt{Re}}\frac{\rho U^2}{2}dx=0.730b\frac{\rho U^2}{2}\int_0^l\sqrt{\frac{\nu}{Ux}}dx=1.46\frac{1}{\sqrt{Re}}\frac{\rho U^2}{2}bl$$

さらに, 摩擦抵抗係数 C_f は

$$C_f=\frac{D_f}{\frac{1}{2}\rho U^2 bl}=\frac{1.46}{\sqrt{Re}}$$

問題[8-7]

速度 U の流れに平行に置かれた幅 b, 長さ l の平板上に層流境界層が形成され,

その速度分布がブラジウスの厳密解に一致するものとして，以下の問いに答えよ．

(1)　運動量積分方程式を使って，平板が受ける摩擦抵抗 D_f と摩擦抵抗係数 C_f を求めよ．

(2) 幅 $b = 4.0$ m，長さ $l = 0.8$ m，流速 $U = 0.4$ m/s であったとき，平板に働く摩擦抵抗 D_f を求めよ．

ただし，密度，動粘性係数はそれぞれ $\rho = 1000$ kg/m^3，$\nu = 1.0\times10^{-6}$ m^2/s とする．

解答[8-7]

平板上の運動量積分方程式は

$$\frac{d\theta}{dx} = \frac{\tau_0}{\rho U^2} \quad \cdots\cdots\cdots\cdots\cdots\cdots (1)$$

ここで速度分布がブラジウスの厳密解に一致する場合の運動量厚さ θ は問題[8-3]より

$$\theta = 0.664\sqrt{\frac{\nu x}{U}}$$

式(1)に代入し

$$0.332\sqrt{\frac{\nu}{Ux}} = \frac{\tau_0}{\rho U^2}$$

$$\tau_0 = 0.332\sqrt{\frac{\nu}{Ux}}\rho U^2 = 0.664\frac{1}{\sqrt{Re}}\frac{\rho U^2}{2}$$

よって，$x = l$ までの摩擦抵抗 D_f は

$$D_f = b\int_0^l \tau_0 dx$$

であるから，τ_0の値を上式に代入すると

$$D_f = b\int_0^l 0.664\frac{1}{\sqrt{Re}}\frac{\rho U^2}{2}dx = 0.664b\frac{\rho U^2}{2}\int_0^l \sqrt{\frac{\nu}{Ux}}dx = 1.328\frac{1}{\sqrt{Re}}\frac{\rho U^2}{2}bl$$

よって，摩擦抵抗係数 Cf は

$$C_f = \frac{D_f}{\frac{1}{2}\rho U^2 bl} = \frac{1.328}{\sqrt{Re}}$$

(2)　(1)の解答より

$$D_f = 1.328 \times \sqrt{\frac{1.0\times 10^{-6}}{0.4\times 0.8}} \times \frac{1000\times 0.4^2}{2} \times 0.8 \times 0.4 = 0.60\ \text{N}$$

問題[8-8]

速度 U の流れに平行に置かれた幅 b，長さ l の平板に沿う流れが乱流であり，速度分布が

$$\frac{u(y)}{U} = \left(\frac{y}{\delta}\right)^{\frac{1}{7}} \quad ただし \quad 0 \le y \le \delta$$

で与えられるとき，以下の問いに答えよ．

(1) 運動量積分方程式を使って，平板が受ける摩擦抵抗 D_f と摩擦抵抗係数 C_f を求めよ．なおこのとき，平板上のせん断応力τ_0は，管内乱流の類推から

$$\tau_0 = 0.0225\rho U^2 \left(\frac{\nu}{U\delta}\right)^{\frac{1}{4}}$$

で表されるものとする．

(2) 幅 $b = 4.0$ m，長さ $l = 0.8$ m，流速 $U = 3.5$ m/s であったとき，平板が乱流境界層におおわれているとして，平板に働く摩擦抵抗 D_fを求めよ．ただし密度，動粘性係数はそれぞれ $\rho = 1000$ kg/m^3，$\nu = 1.0\times 10^{-6}$ m^2/s とする．

解答[8-8]

(1) 平板上の運動量積分方程式は

$$\frac{d\theta}{dx} = \frac{\tau_0}{\rho U^2}$$

ここで $y/\delta=\eta$ とし，

$$\theta = \int_0^\infty \frac{u(y)}{U}\left(1 - \frac{u(y)}{U}\right)dy = \delta \int_0^1 \eta^{\frac{1}{7}}\left(1 - \eta^{\frac{1}{7}}\right)d\eta = \frac{7}{72}\delta$$

より

$$\frac{7}{72}\frac{d\delta}{dx} = \frac{\tau_0}{\rho U^2} \quad \cdots\cdots\cdots\cdots\cdots (1)$$

題意より

$$\frac{7}{72}\frac{d\delta}{dx} = \frac{1}{\rho U^2}0.0225\rho U^2\left(\frac{\nu}{U\delta}\right)^{\frac{1}{4}} = 0.0225\left(\frac{\nu}{U\delta}\right)^{\frac{1}{4}}$$

両辺を積分し，$x = 0$ のとき $\delta = 0$ より

$$\delta = \left(\frac{81}{280}\right)^{\frac{4}{5}}\left(\frac{\nu}{U}\right)^{\frac{1}{5}}x^{\frac{4}{5}} = 0.37\left(\frac{\nu}{U}\right)^{\frac{1}{5}}x^{\frac{4}{5}} = 0.37\frac{x}{\sqrt[5]{Re}}$$

任意の位置 x における壁面せん断応力τ_0は，式(1)より

$$\tau_0 = \frac{7}{72}\rho U^2\frac{d\delta}{dx} = 0.0576c\frac{\rho U^2}{2}$$

$x = l$ までの摩擦抵抗 D_f は

$$D_f = b\int_0^l \tau_0 dx = b\int_0^l 0.0576\frac{1}{\sqrt[5]{Re}}\frac{\rho U^2}{2}dx = 0.0288b\rho U^2\int_0^l \sqrt[5]{\frac{\nu}{Ux}}dx$$

$$= 0.072\frac{1}{\sqrt[5]{Re}}\frac{\rho U^2}{2}bl$$

よって，摩擦抵抗係数 C_f は

$$C_f = \frac{D_f}{\frac{1}{2}\rho U^2 bl} = \frac{0.072}{\sqrt[5]{Re}}$$

(2)　(1)の解答より

$$D_f = 0.072 \times \left(\frac{1.0 \times 10^{-6}}{3.5 \times 0.8}\right)^{\frac{1}{5}} \times \frac{1000 \times 3.5^2}{2} \times 0.8 \times 4.0 = 72.5 \ \mathrm{N}$$

※乱流境界層では，問題[8-7]の層流境界層に比べ，摩擦抵抗が格段に大きくなる．

問題[8-9]

短辺 b，長辺 $l=4b$ の長方形平板を速度 U の一様流中に置く．l の辺を流れに平行に置いた場合と，b の辺を流れに平行に置いた場合とでは，どちらの場合の摩擦抵抗が大きいか答えよ．なお流れは層流とし，速度分布は

$$\frac{u(y)}{U}=2\frac{y}{\delta}-\left(\frac{y}{\delta}\right)^2 \qquad ただし \quad 0\le y\le\delta$$

であるとする．

解答[8-9]

l の辺を流れに平行に置いたときの摩擦抵抗 D_{fl} は，問題[8-6]を用いて

$$D_{fl}=\frac{1.46}{\sqrt{Re_l}}\frac{\rho U^2}{2}bl=1.46\sqrt{\frac{\nu}{Ul}}\frac{\rho U^2}{2}bl=2.92\sqrt{\frac{\nu}{Ub}}\frac{\rho U^2}{2}b^2$$

一方 b の辺を流れに平行においた場合の摩擦抵抗 D_{fb} は，

$$D_{fb}=\frac{1.46}{\sqrt{Re_b}}\frac{\rho U^2}{2}lb=1.46\sqrt{\frac{\nu}{Ub}}\frac{\rho U^2}{2}bl=5.84\sqrt{\frac{\nu}{Ub}}\frac{\rho U^2}{2}b^2$$

よって短辺 b を流れに平行においた場合の摩擦抵抗の方が大きい．

問題[8-10]

一辺が l の正方形の平板が，速度 U の流れの中に平行に置かれている．平板上の層流境界層の速度分布がブラジウスの厳密解に一致する場合，一辺が流れに平行に置かれたときと，45°に置かれたときの平板片面にかかる摩擦抵抗をそれぞれ求め，大小を比較せよ．

解答[8-10]

一辺が流れに平行の場合の摩擦抵抗は，問題[8-7]より

$$D_{f1}=1.328\frac{1}{\sqrt{Re}}\frac{\rho U^2}{2}l^2$$

ただし，$Re = Ul/\nu$. 一方，一辺が流れと 45°の場合は，図 8-1 より

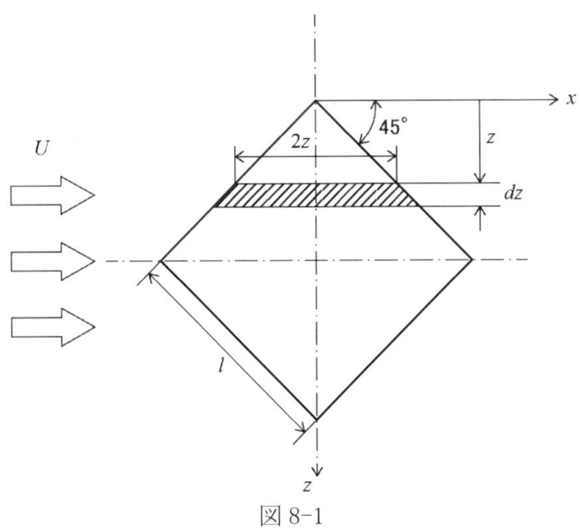

図 8-1

$$dD_{f2} = 1.328 \frac{1}{\sqrt{Re_2}} \frac{\rho U^2}{2} \cdot 2zdz$$

ただし，$Re_2 = 2Uz/\nu$.

$$D_{f2} = 2\int_0^{l/\sqrt{2}} \frac{1.328}{\sqrt{Re_2}} \frac{\rho U^2}{2} \cdot 2zdz = \frac{5.312}{\sqrt{2}} \frac{\rho U^2}{2} \sqrt{\frac{\nu}{U}} \int_0^{l/\sqrt{2}} z^{\frac{1}{2}} dz = \frac{1.489}{\sqrt{Re}} \frac{\rho U^2}{2} l^2$$

よって $D_{f1} < D_{f2}$ より，一辺を流れに対し 45°傾けて置かれたときの方が，摩擦抵抗が大きい.

問題[8-11]

長さ $l = 250$ mm，幅 $b = 100$ mm の平板が，流速 $U = 1$ m/s の一様な水流中に置かれており，平板にかかる摩擦抵抗が $D_{fw} = 0.0365$ N であった．同じ平板を空気流中に置き，流れが力学的に相似であるように空気を流したとき，この平板にかかる摩擦抵抗を求めよ．また水流と空気流から受ける摩擦抵抗は，どちらが大きいか答えよ．なお水と空気の密度，動粘性係数をそれぞれ $\rho_w = 1000$ kg/m^3，$\rho_a = 1.2$ kg/m^3，$\nu_w = 1.0\times10^{-6}$ m^2/s，$\nu_a = 1.5\times10^{-5}$ m^2/s とし，速度分布は水・空気いずれも

$$\frac{u(y)}{U} = 2\frac{y}{\delta} - \left(\frac{y}{\delta}\right)^2$$

であったとする.

解答[8-11]

流れの力学的相似から，水流のレイノルズ数 Re_w と空気流のレイノルズ数 Re_a は等しい．よって空気流の速度は

$$\frac{U_w l}{\nu_w} = \frac{U_a l}{\nu_a}$$

より

$$U_a = \frac{\nu_a}{\nu_w} U_w = \frac{1.5 \times 10^{-5}}{1.0 \times 10^{-6}} \times 1 = 15 \ \ \mathrm{m/s}$$

また力学的相似が成り立つため，摩擦抵抗係数も等しい.

$$\frac{D_{fa}}{\frac{1}{2}\rho_a {U_a}^2 A} = C_{fa} = C_{fw} = \frac{D_{fw}}{\frac{1}{2}\rho_w {U_w}^2 A}$$

したがって

$$D_{fa} = D_{fw} \frac{\frac{1}{2}\rho_a {U_a}^2 bl}{\frac{1}{2}\rho_w {U_w}^2 bl} = 0.0365 \times \frac{1.2 \times 15^2}{1000 \times 1^2} = 0.00986 \ \ \mathrm{N}$$

よって水流から受ける摩擦抵抗の方が大きい.

※問題[8-6](2)を用いても同様の結果が得られる.

問題[8-12]

幅 $b = 3$ m，長さ $l = 25$ m の薄い平板が，静止した水の中を長手方向に引かれている．動粘性係数 $\nu = 1.0 \times 10^{-6}$ m^2/s，境界層が層流から乱流へと遷移する臨界レイノルズ数を $Re_c = 5 \times 10^5$ として，以下の問いに答えよ.

(1) 平板上全面が層流境界層となる最大流速 U_0 を求めよ.

(2) この流速における摩擦抵抗 D_{f0} を求めよ.

(3) 速度を $U = 7.2$ m/s にしたとき，平板上の境界層が，層流から乱流へ遷移する点

x を求めよ．

(4) このとき平板の片面に作用する摩擦抵抗 D_f を求めよ．

なお抗力係数 C_f は，

層流の場合：$C_f = \dfrac{1.328}{\sqrt{Re}}$ （ブラジウスの厳密解による）

乱流の場合：$C_f = \dfrac{0.072}{\sqrt[5]{Re}}$ $(3 \times 10^5 < Re < 10^7)$ （ブラジウスの式）

$$C_f = \frac{0.455}{(\log Re)^{2.58}} \qquad (10^6 < Re < 10^9)$$

（プラントル・シュリヒティングの公式）

とする．

解答［8-12］

(1) 平板後縁で臨界レイノルズ数に達するときなので

$$Re_c = \frac{U_0 l}{\nu} = 5 \times 10^5$$

より

$$U_0 = 5 \times 10^5 \times \frac{\nu}{l} = 5 \times 10^5 \times \frac{1.0 \times 10^{-6}}{125} = 0.02 \ \text{m/s}$$

(2) ブラジウスの厳密解により

$$C_{f0} = \frac{1.328}{\sqrt{Re_c}} = \frac{1.328}{\sqrt{5.0 \times 10^5}} = 0.00187$$

平板上に作用する摩擦抵抗は

$$D_{f0} = C_{f0} \frac{\rho}{2} {U_0}^2 bl = 0.00187 \times \frac{1000}{2} \times 0.02^2 \times 3 \times 25 = 0.028 \ \text{N}$$

(3) 臨界レイノルズ数

$$Re_c = \frac{Ux}{\nu} = 5 \times 10^5$$

より

$$x = 5 \times 10^5 \times \frac{\nu}{U} = 5 \times 10^5 \times \frac{1.0 \times 10^{-6}}{7.2} = 0.069 \ \mathrm{m}$$

(4) (3)より，平板長さ 25 m に比べ，層流境界層が占める部分 x は極めて短い．したがって平板全面で乱流境界層であると考えて差し支えない．全長 l に基づくレイノルズ数は

$$Re = \frac{Ul}{\nu} = \frac{7.2 \times 30}{1.0 \times 10^{-6}} = 2.16 \times 10^8$$

プラントル・シュリヒティングの公式より

$$C_f = \frac{0.455}{(\log Re)^{2.58}} = \frac{0.455}{\{\log(2.16 \times 10^8)\}^{2.58}} = 0.00191$$

平板片面側に作用する摩擦抵抗は

$$D_f = C_f \frac{\rho U^2}{2} bl = 0.00191 \times \frac{1000 \times 7.2^2}{2} \times 3 \times 25 = 3713 \ \mathrm{N}$$

問題[8-13]

図 8-2 のような大型トラックが，静止した空気中を 80 km/h で走行している．トラックの荷台上部を長さ 9.6 m，幅 2.5 m の平面とみなし，表面に生じる境界層がブラジウスの厳密解で近似できるとして以下の問いに答えよ．なお空気の密度，動粘性係数をそれぞれ ρ = 1.2 kg/m^3，ν = 1.5×10^{-5} m^2/s とする．

(1) トラック荷台上部の後端における境界層厚さ δ, 排除厚さ δ^*，運動量厚さ θ を求めよ．

(2) 荷台上部に働く摩擦抵抗 D_f を求めよ．

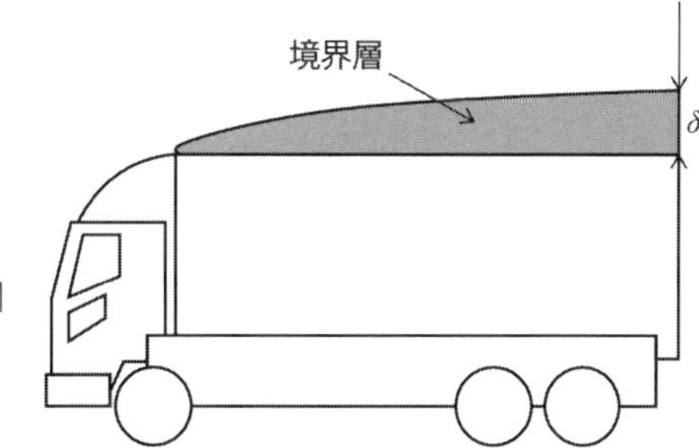

図 8-2

解答[8-13]

(1) 問題[8-3]より

$$\delta = 5.0\sqrt{\frac{\nu x}{U}}\ ,\qquad \delta^* = 1.72\sqrt{\frac{\nu x}{U}}\ ,\qquad \theta = 0.664\sqrt{\frac{\nu x}{U}}$$

ここで $U = 80$ km/h = 200/9 m/s, $x = 9.6$ m, $\nu = 1.5\times10^{-5}$ m^2/s より

$$\delta = 5.0\sqrt{\frac{\nu x}{U}} = 5.0\times\sqrt{\frac{1.5\times10^{-5}\times9.6}{\frac{200}{9}}} = 12.72\times10^{-3}\ \text{m} = 12.7\ \text{mm}$$

$$\delta^* = 1.72\sqrt{\frac{\nu x}{U}} = 0.344\delta = 0.344\times12.72\times10^{-3} = 4.375\times10^{-3}\ \text{m} = 4.38\ \text{mm}$$

$$\theta = 0.664\sqrt{\frac{\nu x}{U}} = 0.1328\delta = 0.1328\times12.72\times10^{-3} = 1.689\times10^{-3}\ \text{m} = 1.69\ \text{mm}$$

(2) 問題[8-7]より, $l = 9.6$ m, $b = 2.5$ m を用いて

$$D_f = 1.328\frac{1}{\sqrt{Re}}\frac{\rho U^2}{2}bl = 0.664\rho b\sqrt{\nu l}\cdot U^{\frac{3}{2}}$$

$$= 0.664\times1.2\times2.5\times\sqrt{1.5\times10\times9.6}\times\left(\frac{80\times10^3}{60\times60}\right)^{\frac{3}{2}} = 2.50\ \ [\text{N}]$$

問題[8-14]

図8-3のように,長さ 15 cm,幅 10 cm の筏の模型が潤滑油の上に浮いている.この筏に風を当て,速さ 10 cm/s で動かし続けるためには,どれだけの風力が必要か,ブラジウスの厳密解を利用して求めよ.ただし潤滑油の粘性係数を $\mu = 3.6\times10^{-3}$ Pa･s,密度を $\rho = 855$ kg/m^3 とし,筏の重量は無視する.

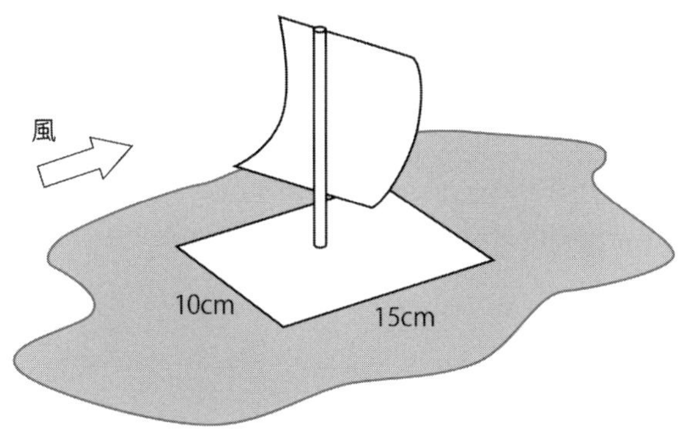

図 8-3

解答[8-14]

筏が油から受ける摩擦抵抗 D_f と同じ大きさの風力が必要であるから，問題[8-7]より

$$D_f = 1.328\frac{1}{\sqrt{Re}}\frac{\rho U^2}{2}bl = 0.664\rho b\sqrt{\nu l}\cdot U^{\frac{3}{2}}$$

$$= 0.664 \times 855 \times 0.1 \times \sqrt{\frac{3.6\times 10^{-3}}{855}\times 0.15} \times (0.1)^{\frac{3}{2}} = 1.43\times 10^{-3}\ \mathrm{N}$$

問題[8-15]

車の屋根にスノーボードを乗せ，静止した空気中を 60 km/h で走行している．スノーボードの片面に作用する摩擦抵抗を求めよ．ただしスノーボードを長さ 1.5 m，幅 0.25 m の長方形平板と仮定し，スノーボードの長さ方向が車の進行方向に一致しているものとする．また空気の密度は $\rho = 1.2\ \mathrm{kg/m^3}$，粘性係数は $\mu = 1.8\times 10^{-5}\ \mathrm{Pa\cdot s}$ とする．境界層の速度分布は，層流の場合はブラジウスの厳密解に，乱流の場合は 1/7 乗則に一致するものとする．

解答[8-15]

走行速度 $U = 60$ km/h $= 50/3$ m/s より，レイノルズ数は

$$Re = \frac{Ux}{\nu} = \frac{\rho Ux}{\mu} = \frac{1.2 \times \frac{50}{3} \times 1.5}{1.8 \times 10^{-5}} = 5.0 \times 10^{6} \quad > Re_c$$

よって乱流であり，問題[8-8]より摩擦抵抗係数 C_f は

$$C_f = \frac{0.072}{\sqrt[5]{Re}}$$

これを用いて，摩擦抵抗 D_f は

$$D_f = C_f \frac{1}{2} \rho U^2 A = \frac{0.072}{\sqrt[5]{Re}} \times \frac{1}{2} \times 1.2 \times \left(\frac{50}{3}\right)^2 \times 1.5 \times 0.25 = 0.0636 \ \text{N}$$

問題[8-16]

翼幅・翼面積が同一のハンググライダーとパラグライダーがある．静止した空気の中を，36 km/h で飛行しているときに翼片面に作用する摩擦抵抗の比を，ブラジウスの厳密解を利用して求めよ．ただしハンググライダーの翼形状は直角二等辺三角形，ハンググライダーは長方形の平板とし，飛行中は一様流に平行であると仮定する（図 8-4 参照）．

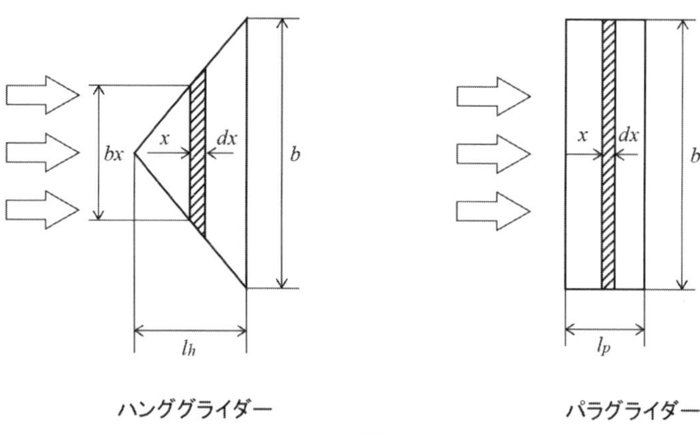

図 8-4

解答[8–16]

パラグライダーの翼幅を b，翼全長を l_p とすると，翼面積が同一なので，ハンググライダーの翼全長 l_h は $l_h = 2l_p$．問題[8–7]より

$$\tau_0 = 0.664\frac{1}{\sqrt{Re}}\frac{\rho U^2}{2}$$

を用いて，パラグライダーの翼面片側に作用する摩擦抵抗 D_{fp} は

$$D_{fp} = \int_0^{l_p}\tau_0 b dx = \int_0^{l_p} 0.664\frac{1}{\sqrt{Re}}\frac{\rho U^2}{2}\cdot b dx = 0.332\rho b\sqrt{\nu}U^{\frac{3}{2}}\int_0^{l_p}\frac{1}{\sqrt{x}}dx$$

$$= 0.332\rho b\sqrt{\nu}U^{\frac{3}{2}}\cdot 2{l_p}^{\frac{1}{2}} = 0.664\rho b\sqrt{\nu}U^{\frac{3}{2}}\sqrt{l_p}$$

ハンググライダーの翼面片側に作用する摩擦抵抗 D_{fh} は

$$D_{fh} = \int_0^{l_h}\tau_0 b_x dx = \int_0^{l_h}\tau_0\frac{b}{l_h}x dx = \int_0^{l_h} 0.664\frac{1}{\sqrt{Re}}\frac{\rho U^2}{2}\cdot\frac{b}{l_h}x dx$$

$$= 0.332\rho\frac{b}{l_h}\sqrt{\nu}U^{\frac{3}{2}}\int_0^{l_h}\sqrt{x}dx = 0.332\rho\frac{b}{l_h}\sqrt{\nu}U^{\frac{3}{2}}\cdot\frac{2}{3}{l_h}^{\frac{3}{2}}$$

$$= 0.664\rho b\sqrt{\nu}U^{\frac{3}{2}}\cdot\frac{1}{3}{l_h}^{\frac{1}{2}} = 0.664\rho b\sqrt{\nu}U^{\frac{3}{2}}\cdot\frac{1}{3}\sqrt{2l_p}$$

よって

$$\frac{D_{fp}}{D_{fh}} = \frac{0.664\rho b\sqrt{\nu}U^{\frac{3}{2}}\sqrt{l_p}}{0.664\rho b\sqrt{\nu}U^{\frac{3}{2}}\cdot\frac{1}{3}\sqrt{2l_p}} = \frac{3}{\sqrt{2}} = \frac{3\sqrt{2}}{2}$$

問題[8–17]

図 8–5 のようにボディーボードで海面を滑走している．ボディーボードは長さ $l = 1$ m，幅 $b = 50$ cm の長方形であり，静止した水面をボディーボーダーの重量 $W = 75$ N で滑走すると仮定する．海面の角度が 10°で，定常状態になったときの速度 U を求めよ．ただしボードに沿う流れは乱流で，速度分布が 1/7 乗則に一致するものと

する．また海水の密度，動粘性係数はそれぞれ $\rho = 1035$ kg/m^3，$\nu = 1.1\times10^{-6}$ m^2/s であり，ボードの重量は無視する．

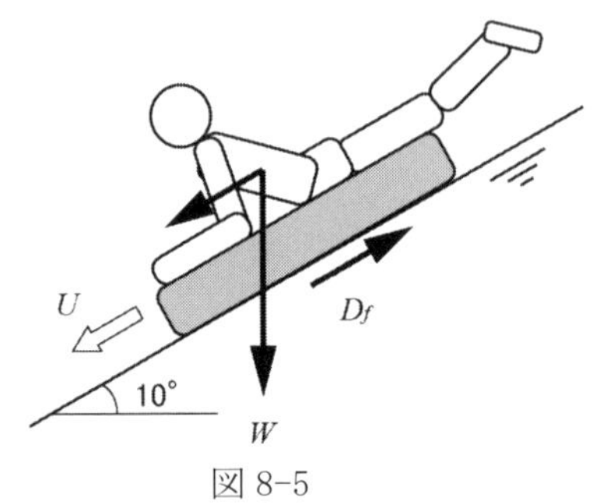

図 8-5

解答[8-17]

ボディーボードには，ボーダーの重量の斜面方向成分 $W\sin 10°$が作用し，ボードに作用する摩擦抵抗 D_f とつりあったとき定常状態になる．問題[8-8]より，

$$W\sin 10° = D_f = \frac{0.072}{\sqrt[5]{Re}}\frac{\rho U^2}{2}bl = 0.036\rho b\sqrt[5]{\nu l^4}U^{\frac{9}{5}}$$

$$U^{\frac{9}{5}} = \frac{W\sin 10°}{0.036\rho b\sqrt[5]{\nu l^4}} = \frac{75\times\sin 10°}{0.036\times1035\times0.5\times\sqrt[5]{1.1\times10^{-6}\times1^4}} = 10.87$$

$$\therefore U = 3.76 \ \ \text{m/s}$$

問題[8-18]

開発中の超電導リニア新幹線の表面を展開し，全長 200 m，幅 10 m の平板で置き換えたとする．これが最高速度 600 km/h で走行したときの摩擦抵抗 D_f を試算せよ．ただし空気の密度 ρ = 1.2 kg/m^3，動粘性係数 ν = 1.5×10^{-5} m^2/s，境界層の臨界レイノルズ数 $Re_c = 5\times10^5$ とする．

解答[8-18]

レイノルズ数は車両後端で

$$Re = \frac{Ul}{\nu} = \frac{\frac{600 \times 1000}{60 \times 60} \times 200}{1.5 \times 10^{-5}} = 2.222 \times 10^{9} \quad > 5 \times 10^{5}$$

であり，全面乱流となっている．さらに $Re > 10^{6}$ であるから，問題[8-12]のプラントル・シュリヒティングの公式より

$$C_f = \frac{0.455}{(\log Re)^{2.58}} = 1.908 \times 10^{-3}$$

ゆえに

$$D_f = C_f \frac{1}{2} \rho b l U^2 = 1.908 \times 10^{-3} \times 1.2 \times 10 \times 200 \times \left(\frac{600 \times 1000}{60 \times 60}\right)^2 = 1.272 \times 10^{5}\ \mathrm{N}$$

問題[8-19]

物体表面におけるせん断応力が 0 になると，境界層のはく離が生じる．境界層内の速度分布を

$$\frac{u(y)}{U} = a + b\left(\frac{y}{\delta}\right) + c\left(\frac{y}{\delta}\right)^2 + d\left(\frac{y}{\delta}\right)^3 \qquad 0 \leq y \leq \delta$$

で近似するとき，はく離点における速度分布の係数 a，b，c，d の数値を求めよ．またはく離点での速度分布は変曲点を持つ．求められた速度分布での変曲点の位置 y を求めよ．

解答[8-19]

境界条件として以下の(1)～(4)を用いる．

(1) $y = 0$ で $u = 0$

(2) $y = \delta$ で $u = U$

(3) $y = \delta$ で $\partial u/\partial y = 0$

(4) はく離点では $y = 0$ で $\partial u/\partial y = 0$

(1) $y = 0$ で $u = 0$ より

$$\frac{u(0)}{U} = 0 = a + b\left(\frac{0}{\delta}\right) + c\left(\frac{0}{\delta}\right)^2 + d\left(\frac{0}{\delta}\right)^3$$

$\therefore a = 0$

(2) $y = \delta$ で $u = U$ より

$$\frac{u(\delta)}{U} = \frac{U}{U} = 1 = a + b\left(\frac{\delta}{\delta}\right) + c\left(\frac{\delta}{\delta}\right)^2 + d\left(\frac{\delta}{\delta}\right)^3$$

$\therefore a + b + c + d = 1$

(3) $y = \delta$ で$\partial u/\partial y = 0$ より

$$\frac{\partial u(y)}{\partial y} = \frac{\partial}{\partial y}\left[U\left\{a + b\left(\frac{y}{\delta}\right) + c\left(\frac{y}{\delta}\right)^2 + d\left(\frac{y}{\delta}\right)^3\right\}\right] = U\left\{\frac{1}{\delta}b + \frac{2}{\delta}c\left(\frac{y}{\delta}\right) + \frac{3}{\delta}d\left(\frac{y}{\delta}\right)^2\right\}$$

$$\left.\frac{\partial u(y)}{\partial y}\right|_{y=\delta} = 0 = U\left\{\frac{1}{\delta}b + \frac{2}{\delta}c\left(\frac{\delta}{\delta}\right) + \frac{3}{\delta}d\left(\frac{\delta}{\delta}\right)^2\right\} = U\left(\frac{1}{\delta}b + \frac{2}{\delta}c + \frac{3}{\delta}d\right)$$

$\therefore b + 2c + 3d = 0$

(4) $y = 0$ で$\partial u/\partial y = 0$ より

$$\left.\frac{\partial u(y)}{\partial y}\right|_{y=0} = 0 = U\left\{\frac{1}{\delta}b + \frac{2}{\delta}c\left(\frac{0}{\delta}\right) + \frac{3}{\delta}d\left(\frac{0}{\delta}\right)^2\right\}$$

$\therefore b = 0$

以上を連立して

$a = 0, \quad b = 0, \quad c = 3, \quad d = -2$

よって

$$\frac{u(y)}{U} = 3\left(\frac{y}{\delta}\right)^2 - 2\left(\frac{y}{\delta}\right)^3$$

この速度分布を y で２回微分し

$$\frac{\partial^2 u}{\partial y^2} = U\left\{\frac{6}{\delta^2} - \frac{12}{\delta^3}y\right\}$$

変曲点では $\partial^2 u/\partial y^2 = 0$ より，

$$y = \frac{\delta}{2}$$

9章　抗力と揚力

問題[9-1]

風速 40 m/s のとき，直径 0.3 m，高さ 12 m の電柱にかかる抵抗を求めよ．ただし地面の影響を無視する．空気密度は 1.2 kg/m^3 とし，抗力係数は 1.0 とする．

解答[9-1]

抗力係数 $C_D = 0.98$，基準面積 $A = 0.3 \times 12 = 3.6$ m^2，$\rho = 1.226$ kg/m^3，$u = 40$ m/s より，抗力は次式により求まる．

$$D = C_D \frac{1}{2} \rho u^2 A = 1.0 \times \frac{1}{2} \times 1.2 \times 40^2 \times 3.6 = 3456 \ \mathrm{N} = 3.46 \ \mathrm{kN}$$

問題[9-2]

霧が発生している．その降下速度を求めよ．霧は球として，働く抗力にはストークスの式 $D = 3\pi\mu U d$ が成り立つものとする．ここに，μ は粘度，U は降下速度，d は霧の粒径で 10 μm とし，その密度は 1000 kg/m^3 とする．空気の密度は 1.2 kg/m^3，粘度は 17 mPa･s とする．

解答[9-2]

霧には重力 W と抗力 D，浮力 B が作用し釣り合って一定速度となる．

$$W = D + B$$

空気の密度と粘度を ρ と μ，霧の密度を ρ' とすると

$$\frac{4\pi}{3}\left(\frac{d}{2}\right)^3 \rho' g = 3\pi\mu d U + \frac{4\pi}{3}\left(\frac{d}{2}\right)^3 \rho g$$

$$\frac{\pi}{6} d^3 g(\rho' - \rho) = 3\pi\mu d U$$

$$U = \frac{d^2 g(\rho' - \rho)}{18\mu}$$

ここで数値を代入し，以下の降下速度を得る．

$U = 3.2 \times 10^{-6}\ \ \mathrm{m/s}$

問題[9-3]

自動車の抗力係数を 0.40 とすれば，時速 100 km で走行するために必要な動力はいくらか．ただし，空気の密度を 1.2 kg/m^3，自動車の投影面積を 2.0 m^2 とする．

解答[9-3]

$u = 100 \times 10^3 / 60^2 = 27.8\ \ \mathrm{m/s}$ であるから自動車の抗力は

$$D = C_D \frac{1}{2} \rho u^2 A = 0.40 \times \frac{1}{2} \times 1.2 \times 27.8^2 \times 2.0 = 371\ \ \mathrm{N}$$

よって動力 P は

$$P = Du = 371 \times 27.8 = 10.3 \times 10^3\ \ \mathrm{W} = 10.3\ \ \mathrm{kW}$$

問題[9-4]

翼弦長 $l = 2$ m，翼幅 $B = 10$ m の翼を持つ，質量 1500 kg の飛行機が水平に飛行するためには速度をいくらに保てばよいか．機体が水平時の翼の揚力係数は 0.4 である．ただし空気の密度は 1.2 kg/m^3 とする．

解答[9-4]

水平に飛行するためには重力と揚力が釣り合っている必要があるので

$$mg = C_L \frac{1}{2} \rho u^2 A$$

$$u = \sqrt{\frac{2mg}{C_L \rho A}}$$

ここに m =1500 kg，$g = 9.8$ kg/m^2，$C_L = 0.4$，ρ =1.23 kg/m^3，$A = Bl = 10{\times}2 = 20$ m^2 を代入すると

$u = 55.3\ \ \mathrm{m/s} = 199\ \ \mathrm{km/h}$

問題[9-5]

幅 $B = 2.5$ m，高さ $H = 2.2$ m のトラックが時速 80 km で走っているとき，全走行抵抗が 2000 N である．このうちの 25%がタイヤのころがり抵抗で残りが空気抵抗 D [N]とする．この車の抗力係数 C_D を求めよ．ここに，空気密度 $\rho = 1.2$ kg/m^3 とする．

解答[9-5]

$U = (80 \times 10^3)/(60 \times 60) = 22.2\ \mathrm{m/s}$

空気抵抗 $D = \dfrac{1}{2} C_D \rho U^2 S$，前投影面積 $S = BH$ より

$$C_D = \frac{D}{BH\rho U^2/2} = \frac{2000 \times 0.75}{(2.5 \times 2.2) \times 1.2 \times 22.2^2/2} = 0.92$$

問題[9-6]

時速 25 km で走行しているエコランカー（低燃費競技用車両）の空気抵抗 D [N]，および空気抵抗で費やされる動力 P [W]を求めよ．なお，空気抵抗動力は空気抵抗に走行速度を乗ずることで求められる．ここに，エコランカーの抗力係数 $C_D = 0.12$，前投影面積 $S = 0.2$ m^2，空気密度 $\rho = 1.2$ kg/m^3 とする．

解答[9-6]

$U = (25 \times 10^3)/(60 \times 60) = 6.94\ \mathrm{m/s}$

空気抵抗 $D = \dfrac{1}{2} C_D \rho U^2 S = \dfrac{1}{2} \times 0.12 \times 1.2 \times 6.94^2 \times 0.2 = 0.694\ \mathrm{N}$

空気抵抗動力 $P = D \times U = 0.694 \times 6.94 = 4.82\ W$

問題[9-7]

時速 100 km の列車の 1 車両を直径 $d = 3$ m，長さ $l = 21$ m の円柱と仮定して，その表面摩擦による抵抗 D_f と損失動力 P を計算せよ．ここに，空気の動粘性係数 ν =

15×10^{-6} m^2/s，密度 $\rho = 1.2$ kg/m^3，摩擦抗力係数 $C_f = 0.074\,Re^{-1/5}$（このときの代表長さは車両の長さ l ）とする．また，表面摩擦抵抗 D_f は空気抵抗 D の何%になるか．ここで，円柱の流れ方向に対する抗力係数は $C_D = 1.0$ とする．

解答[9-7]

$U = (100\times10^3)/(60\times60) = 27.8\ \ \text{m/s}$

レイノルズ数 $Re = \dfrac{Ul}{\nu} = \dfrac{27.8\times21}{15\times10^{-6}} = 3.89\times10^7$

摩擦抗力係数 $C_f = 0.074\times(3.89\times10^7)^{-1/5} = 0.00225$

表面摩擦抵抗 $D_f = C_f A\dfrac{\rho U^2}{2} = 0.00225\times(3\pi\times21)\times\dfrac{1.2\times27.8^2}{2} = 206\ \ \text{N}$

損失動力 $P = D_f\times U = 206\times27.8 = 5727\ \ \text{W}$

表面摩擦抵抗 D_f の空気抵抗 D にしめる割合

$$\frac{D_f}{D} = \frac{C_f(\pi dl)\dfrac{\rho U^2}{2}}{C_D(\pi d^2/4)\dfrac{\rho U^2}{2}} = \frac{4C_f l}{C_D d} = \frac{4\times0.00225\times21}{1.0\times3} = 0.063 \quad \therefore 6.3\%$$

問題[9-8]

質量 $m = 4000$ kg，翼面積 $A = 32$ m^2 の飛行機が高度 1500 m を時速 260 km で水平定常飛行している．このときのエンジンの推力 $F_D = 5.82$ kN である．この翼の揚力係数 C_L，抗力係数 C_D を求めよ．ここに，空気密度 $\rho = 1.0$ kg/m^3 とする．

解答[9-8]

$U = (260\times10^3)/(60\times60) = 72.2\ \ \text{m/s}$

この飛行機に必要な揚力 L は飛行機の重力(mg)に等しいので

$L = mg = (4\times10^3)\times9.8 = 3.92\times10^4\ \ \text{N}$

従って揚力係数は

$$C_L = \frac{L}{A\rho U^2/2} = \frac{3.92 \times 10^4}{32 \times 1.0 \times 72.2^2/2} = 0.470$$

また，空気抵抗 D はエンジンの推力 F_D に等しいので

$$C_D = \frac{D}{A\rho U^2/2} = \frac{5.82 \times 10^3}{32 \times 1.0 \times 72.2^2/2} = 0.0698$$

問題[9-9]

両主翼総面積 20 m^2，質量 350 kg のグライダーが時速 72 km で飛行している．この飛行状態の迎角において翼の揚力係数 C_L = 1.0 であるとき，このグライダーは上昇するか，それとも下降するか．ここに，空気密度 ρ = 1.0 kg/m^3 であり，揚力の作用点が機体の重心に一致しているものとし，機体や尾翼の揚力は無視できるものとする．

解答[9-9]

$$U = (72 \times 10^3)/(60 \times 60) = 20 \ \text{m/s}$$

揚力 $L = \frac{1}{2} C_L \rho U^2 S = \frac{1}{2} \times 1.0 \times 1.0 \times 20^2 \times 20 = 4000 \ \text{N} = 408 \ \text{kgf}$

グライダーに作用する重力よりも揚力の方が大きいため上昇する．

問題[9-10]

一様な速度で流れる空気中に直径 d =10 mm の円柱状のアンテナが置かれている．一様流速の大きさ U，およびこのアンテナから放出される渦の周波数 f を求めよ．ここに，空気の動粘度は ν = 1.5×10^{-5} m^2/s とし，円柱のレイノルズ数は Re = 1.0×10^4 であるとする．なお，このレイノルズ数の領域におけるストローハル数 St = 0.2 である．

解答[9-10]

まず，レイノルズ数 から一様流速 U を求めると，

$$U = \frac{Re \cdot \nu}{d} = \frac{1.0 \times 10^4 \times 1.5 \times 10^{-5}}{1.0 \times 10^{-2}} = 15 \ \text{m/s}$$

レイノルズ数 Re が $1.0{\times}10^4$ のときのストローハル数 $St = 0.2$ であるから，渦の放出周波数 f は,

$$f = \frac{St \cdot U}{d} = \frac{0.2 \times 15}{1.0 \times 10^{-2}} = 300 \ \text{Hz}$$

問題[9-11]

静水中（密度 $\rho_w = 1000\,\text{kg/m}^3$，粘度 $\mu_w = 100{\times}10^{-5}\,\text{Pa·s}$）を，直径 $d = 1.0\,\mu\text{m}$，密度 $\rho_a = 1.2\ \text{kg/m}^3$ の微小な球形気泡が上昇している．十分時間が経った後に気泡が達する一定速度（終端速度）U_t を求めよ．ここに，球の抗力係数 C_D は（ストークスの法則）で与えられるものとする．なお，気泡には浮力，抗力ならびに重力が働くものとする．

解答[9-11]

$F = mg$ より，抗力↓(下向き) + 浮力↑(上向き) ＝ 重力↓(下向き)

$$-\frac{1}{2}C_D\rho_w{U_t}^2\mathrm{S} + \frac{\pi}{6}d^3\rho_w g = \frac{\pi}{6}d^3\rho_a g$$

球の抗力係数 $C_D = \dfrac{24}{Re} = \dfrac{24}{dU_t/\nu_w} = \dfrac{24\mu_w}{dU_t\rho_w}$

$$\frac{1}{2}\left(\frac{24\mu_w}{dU_t\rho_w}\right)\rho_w{U_t}^2\left(\frac{\pi}{4}d^2\right) = \frac{\pi}{6}d^3(\rho_w - \rho_a)g$$

よって,

$$U_t = \frac{d^2(\rho_w - \rho_a)g}{18\mu_w} = \frac{(1.0 \times 10^{-6})^2(1000 - 1.2) \times 9.8}{18 \times (100 \times 10^{-5})} = 5.4 \times 10^{-7} \ \text{m/s}$$

問題[9-12]

図 9-1 に示すような，風杯（カップ）形風車（ロビンソン風速計）が一定の角速

度 ω[rad/s]で回転している．風速 $U = 5$ m/s のときの角速度 ω ならびに回転速度 N [rpm]を求めよ．ここに，風杯の回転半径 $R = 0.2$ m，凹面 A，および凸面 B の抗力係数はそれぞれ $C_{DA} = 1.33$ と $C_{DB} = 0.34$ とする．また，風杯以外の空気抵抗は無視し，風杯は回転中，図に示すような姿勢の相対速度，および抗力係数を受け続けるものとする．

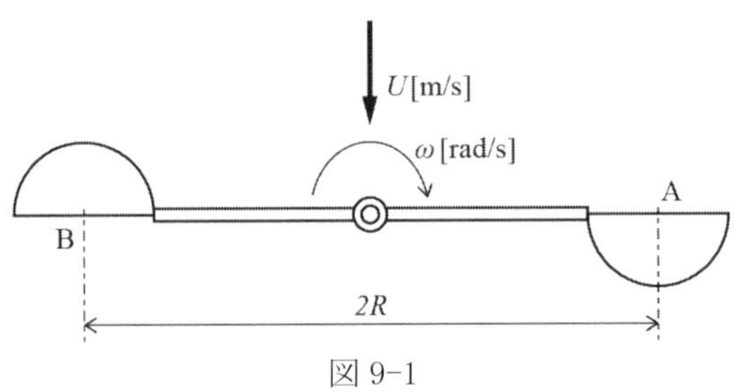

図 9-1

解答[9-12]

風杯の凹面 A，ならびに凸面 B に作用する流れの速度 V_A，V_B は

$$V_A = U - R\omega,\quad V_B = U + R\omega$$

風杯 A，および B に作用する空気の抗力は

$$F_{DA} = \frac{1}{2}C_{DA}\rho {V_A}^2 \mathrm{S},\qquad F_{DB} = \frac{1}{2}C_{DB}\rho {V_B}^2 \mathrm{S}$$

ここに S は風杯の前投影面積である．

ここで，回転軸まわりのトルクはゼロであるから，

$$F_{DA}R = F_{DB}R,\qquad F_{DA} = F_{DB}$$

従って，$\frac{1}{2}C_{DA}\rho {V_A}^2 \mathrm{S} = \frac{1}{2}C_{DB}\rho {V_B}^2 \mathrm{S},\qquad C_{DA}{V_A}^2 = C_{DB}{V_B}^2,$

$C_{DA}(U - R\omega)^2 = C_{DB}(U + R\omega)^2,$　移行して平方根をとると

$$\sqrt{(C_{DA}/C_{DB})}(U - R\omega) = (U + R\omega),\qquad R\left(1 + \sqrt{(C_{DA}/C_{DB})}\right)\omega = U\left(\sqrt{(C_{DA}/C_{DB})} - 1\right)$$

$$\omega = \frac{U\left(\sqrt{(C_{DA}/C_{DB})} - 1\right)}{R\left(1 + \sqrt{(C_{DA}/C_{DB})}\right)} = \frac{5.0\left(\sqrt{(1.33/0.34)} - 1\right)}{0.2\left(1 + \sqrt{(1.33/0.34)}\right)} = 8.21\ \ \mathrm{rad/s}$$

よって，$N=\dfrac{60\omega}{2\pi}=\dfrac{60\times 8.21}{2\pi}=78.4\ \text{rpm}$

問題[9-13]

図 9-2 に示すような丸棒がある．これを密度 ρ の静止流体中に，丸棒の中心を通る回転軸 O-O として，一定の角速度 ω で回転させた．丸棒を回転させることによって生じるモーメント M，動力 P を求めなさい．

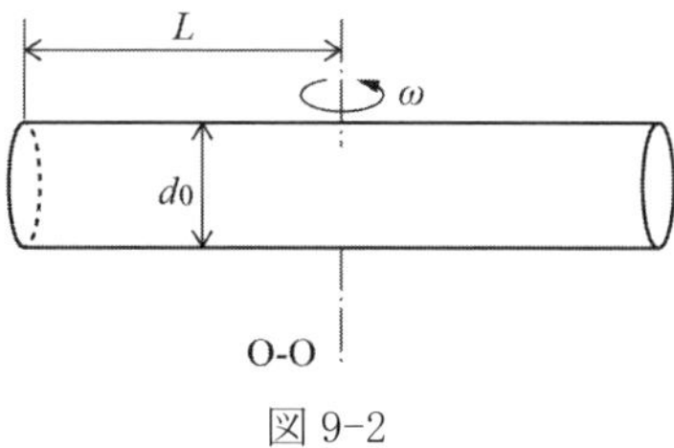

図 9-2

解答[9-13]

図 9-3 のように，回転軸 O-O から軸方向への任意の位置 x を設定すると，丸棒の各断面における周速度 u は，以下のように表すことができる．

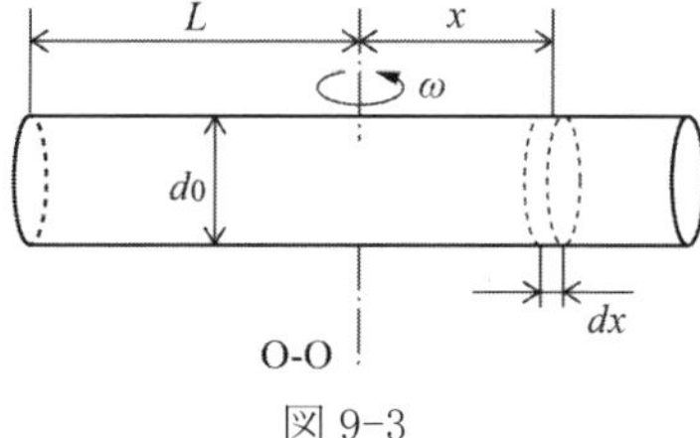

図 9-3

$u=x\omega$

ここで，x は O-O 軸からの距離である．

また，微小幅 dx における投影面積 dA は $d_0\times dx$ となるため，抗力 dD は，

$$dD=C_D\mathrm{d}A\frac{1}{2}\rho u^2$$

この式に，u と dA の関係を代入すると，以下のようになる．

$$dD=C_D(d_0dx)\frac{1}{2}\rho u(x\omega)^2$$

棒全体に働く抗力は，領域 $-L$ から L まで積分すると求めることができる．

$$D=\int_{-L}^{L}dD=C_Dd_0\frac{1}{2}\rho\omega^2\int_{-L}^{L}x^2\,dx=\frac{1}{3}\rho\omega^2C_Dd_0L^3$$

回転軸 O-O 周りのモーメントは，

$$M=\int_{-L}^{L} xdD = C_D d_0 \frac{1}{2}\rho\omega^2 \int_{-L}^{L} x^3\,\mathrm{d}x = \frac{1}{4}\rho\omega^2 C_D d_0 L^4$$

となる．したがって，動力 P は次のようになる．

$$P = M\omega = \int_{-L}^{L} xdD = \left(\frac{1}{4}\rho\omega^2 C_D d_0 L^4\right)\times\omega = \frac{1}{4}\rho\omega^3 C_D d_0 L^4$$

詳解　水力学演習　（実用理工学入門講座）

2022年10月10日　印　刷
2022年10月30日　初版発行

編著者　水力学演習書プロジェクト

発行者　小　川　浩　志

発行所　日新出版株式会社
東京都世田谷区深沢 5－2－20
TEL〔03〕(3701) 4112
FAX〔03〕(3703) 0106
振替 00100-0-6044，郵便番号 158-0081

ISBN978-4-8173-0261-8

2022 Printed in Japan　印刷・製本 平河工業社